变化环境下渭河流域极端气象水文序列非一致性研究

刘赛艳　著

中国水利水电出版社

www.waterpub.com.cn

·北京·

内 容 提 要

本书选取位于我国西北部气候变化敏感区和生态环境脆弱区的渭河流域为研究对象，采用多学科交叉的方法，针对变化环境下流域的极端气温、极端降水、洪水和枯水事件的时间序列等，研究其时空演变规律，识别其变异特征，辨识其"非一致性"，探讨其驱动力等，不仅揭示了区域水循环对变化环境的响应，而且对流域水资源管理、区域防灾减灾、生态环境保护和社会经济可持续发展具有重要的意义和应用价值。

本书可供水文学及水资源、水环境水利水电工程等专业的学者、技术人员、管理人员，以及大中专院校相关专业的教师和学生参考。

图书在版编目（CIP）数据

变化环境下渭河流域极端气象水文序列非一致性研究/
刘赛艳著. -- 北京：中国水利水电出版社，2022.8
ISBN 978-7-5226-0857-0

Ⅰ．①变… Ⅱ．①刘… Ⅲ．①渭河－流域－水文气象
学－研究 Ⅳ．①P339

中国版本图书馆CIP数据核字(2022)第127458号

书　　名	变化环境下渭河流域极端气象水文序列非一致性研究 BIANHUA HUANJING XIA WEI HE LIUYU JIDUAN QIXIANG SHUIWEN XULIE FEIYIZHIXING YANJIU	
作　　者	刘赛艳　著	
出版发行	中国水利水电出版社 （北京市海淀区玉渊潭南路 1 号 D 座　100038） 网址：www. waterpub. com. cn E - mail：sales@mwr. gov. cn 电话：(010) 68545888（营销中心）	
经　　售	北京科水图书销售有限公司 电话：(010) 68545874、63202643 全国各地新华书店和相关出版物销售网点	
排　　版	中国水利水电出版社微机排版中心	
印　　刷	北京印匠彩色印刷有限公司	
规　　格	170mm×240mm　16 开本　11.5 印张　183 千字	
版　　次	2022 年 8 月第 1 版　2022 年 8 月第 1 次印刷	
定　　价	**58.00 元**	

凡购买我社图书，如有缺页、倒页、脱页的，本社营销中心负责调换

版权所有·侵权必究

前　言

　　全球气候变暖和不断增强的人类活动加剧了水文循环，导致极端气象水文事件频发，对区域工农业、生态系统稳定及社会经济可持续发展等造成巨大影响。极端气象水文事件的发生可能导致极值序列发生变异，而序列的一致性假设是工程水文分析计算的基础。因此，研究变化环境下流域极端气象水文时间序列的非一致性，不仅可以揭示区域水循环对变化环境的响应，而且对流域水资源管理、区域防洪减灾、生态环境保护和社会经济可持续发展具有重要的意义和应用价值。

　　本书结合国家自然科学基金重大项目第 3 课题"水文序列变异诊断和重构理论与方法"等科技项目需求，选取位于我国西北部气候变化敏感区和生态环境脆弱区的渭河流域为研究对象，采用多学科交叉的方法，针对变化环境下流域的极端气温、极端降水、洪水和枯水的时间序列等，研究了其时空演变规律、识别了其变异特征，揭示了其"非一致性"，探讨了其驱动力等，并形成了以下结果：

　　(1) 采用土地利用转移矩阵法及土地利用/覆被面积变化率指标，阐明了渭河下垫面演变特征，结果表明：渭河流域主要的土地利用/覆被方式是耕地、林地和草地，过去几十年，渭河流域土地利用/覆被类型中耕地、林地和草地之间的转移程度较高，且水域、城镇、农村和建设用地均是大幅度转化为耕地。整体上，流域内的耕地、高覆盖草地和城镇用地面积均呈增加趋势，林地、灌木、低草、水域、农村用地和裸地面积呈减少趋势。人口增长、社会经济发展、人口流动及政策因素是渭河流域土地利用/覆被变化重要的驱动力，影响着流域土地利用/覆被类型及分布格局，改变了流域下垫面的条件。

（2）采用线性回归法、MMK 趋势检验法以及启发式分割法，系统地阐明了渭河流域气候演变特征，研究表明：渭河流域气候在整体上呈暖干趋势。其中，多年平均气温呈显著升温趋势，空间上由西北向东南逐渐增加，变异点多出现在 1986 年和 1996 年，一致性假设遭到破坏。人类活动，包括使用化石燃料、砍伐森林植被及改变下垫面条件等均对流域年平均气温的变化表现出积极影响。流域年降水量呈不显著减少趋势，空间上由西北向东南方向递增，不存在变异点，仍满足一致性假设。渭河流域年径流量多集中在汛期，表现出显著下降趋势，变异点多集中在 20 世纪 60 年代末和 20 世纪 90 年代初，一致性假设遭到了破坏。人类活动取用水、流域下垫面条件的改变以及气候变化共同导致流域年径流序列出现变异点，表现出非一致性。

（3）基于云模型理论、趋势检验法以及启发式分割法，全面地揭示了渭河流域极端气温序列的不确定性及非一致性。结果表明：流域年最低气温 T_{min} 较年最高气温 T_{max}，分散度更高、稳定性及均匀性更小。受下垫面的影响，中下游区域及泾河流域的极端气温分散度更高、均匀性及稳定性更小。渭河流域极端气温整体以升温为主，且年最低气温 T_{min} 的增幅更显著。流域年最高气温 T_{max} 序列及中游、下游和北洛河流域的年最低气温 T_{min} 序列均存在变异点，表现出非一致性。总体上，渭河流域年最高气温 T_{max} 对流域变暖的响应较年最低气温 T_{min} 对流域变暖的响应更显著、变化更同步。

（4）定义了渭河流域极端降水的强度、频率和持续时间的指标，采用趋势检验法、启发式分割法及交叉小波变换法，阐明了流域极端降水非一致性及其与海洋—大气环流因子的遥相关性。结果表明：除上游区域外，渭河全流域及其他子流域极端降水的强度及频率对流域气候暖干趋势的响应并不显著。流域上游区域极端降水时间序列存在显著变化趋势及变异点，一致性假设遭到了破坏。尽管流域下垫面会在一定程度上影响极端降水的时空分布，但是尚不足以改变极端降水序列的一致性。ENSO 事件和太平洋年代际震荡 PDO 事件均与渭河流域极端降水存在显著遥相关性，但它们对流域极端降水的强度、频率和持续时间的影响是不同的。

（5）基于西沃兹准则、趋势检验法及启发式分割法，诊断了渭河流域洪水事件发生时间、频次，识别了其变化趋势、均值变异点和方差变异点，系统地阐明了渭河流域洪水时间序列的非一致性问题。结果表明：渭河流域年最大洪峰流量 AFP 和季节性洪水的发生时间均表现出往后延迟的现象。流域内洪水流量强度波动明显，整体呈减小趋势，洪水序列变异点多集中在 20 世纪八九十年代。受流域水利工程调蓄及水土保持措施的影响，流域干流洪水序列多出现均值变异点，支流泾河流域洪水序列多出现方差变异点。对比分析表明，洪水设计中，方差变异点的存在要比均值变异点带来的误差更显著。流域下垫面的变化、森林植被的变化、水利工程的兴建及调蓄作用是导致渭河流域洪水序列出现非一致性的直接原因。

（6）基于皮尔逊相关系数法和小波分解理论及方法，阐明了渭河流域枯水径流序列非一致性问题，确定了枯水径流序列产生趋势及变异点的主导周期成分，揭示了其与气候因子间的尺度相关性。结果表明：渭河流域内枯水径流序列呈明显的减少趋势，且存在变异点，变异点前后均值差异显著，一致性假设遭到破坏。枯水径流序列中 2 年和 4 年的周期成分是枯水径流序列变化趋势产生的主导周期成分，8 年周期成分是枯水径流序列变异点产生的主导周期。气候因子与枯水径流序列的尺度相关性表明，气候因子往往和枯水径流变化趋势的产生密切相关。可见，流域气候暖干趋势是枯水径流减少的气候因素。人类取用水及下垫面的改变是导致渭河流域枯水径流非一致性产生最直接的因素，可见人类活动影响的往往是枯水径流序列的 8 年周期成分。

　　本书的编写得到了国家自然科学基金（52009116）；江苏省自然科学基金项目（BK20200958；BK20200959）；中国博士后科学基金（2018M642338）；扬州市软科学研究课题（2022187）的资助，参考和引用了有关文献的论述，在此表示衷心的感谢。

　　由于作者水平有限，且部分成果有待进一步深入研究，书中难免存在疏漏或错误之处，恳请读者批评指正。

作者

2022 年 4 月

目　　录

第1章 绪 论

1.1 研究背景与意义

变化环境主要包括气候变化和人类活动两部分。气候变化指的是，地球上某一个地区的气候平均状态出现了统计意义上的显著变化；人类活动变化指的是，人类为了生存、发展和提高生活水平，不断进行的一系列不同类型不同规模的生产和生活活动，包括工业、商业、渔业、农业、畜牧业、林业、矿业、交通、观光和各种工程建设等。

稳定的气候系统是人类社会文明发展和一切生命个体赖以生存的基础。从很早的时候，人们就开始对区域气候现象进行观察和记录，通过不断的适应和发展，得出和大自然和谐共处的经验，并繁衍出多样的人类文明。比如，尼罗河水位测量标尺自法老时代以来就存在，直到20世纪初还在使用，人们可以根据标尺上的水位来确定农耕和贸易的时机，并且通过标尺上的刻度对耕种的成败、贸易市场的情况及农产品的价格等进行预测，甚至还可以利用标尺测算未来的健康状况。又比如，我国在上古时代就存在的二十四节气，一直沿用到现在，不仅是历朝历代颁布的时间准绳，更被称作是指导农业生产和日常生活中人们预知冷暖雨雪的"指南针"。

20世纪70年代以来，随着人类文明发展进程的加快，全球气候正经历着一次以气温升高为主要特征的显著性变化。政府间气候变化专门委员会（intergovernmental panel on climate change，IPCC）第四次报告指出，全球气候变暖导致水文循环和能量循环特征出现了显著性变化[1]。气候变化一般通过影响降水、径流、气温、风、蒸发、土壤湿度等，最终对水循环产生作用。同时，人类活动中，水利农田大规模的建设、城市化进程不断推进以及多种水土保持措施的并行等，都直接或间接地改变了流域下垫面条件和水循环的速度，给流域内的产汇流机制带来了显著的影响。在此变化环境下，全球水文循环现状和水资源演变规律都发生了深刻的变化[2]。

2000年以来，各类极端气象水文事件频发，全球范围内高温、热浪、极端降水、干旱、洪涝等极端天气出现的频率和强度呈显著增加趋势。这些极端气象水文事件的爆发不仅造成了巨大的社会经济和生命财产损失，还直接威胁到了人类社会的可持续发展。根据相关统计资料显示，全球气候变化及相关的极端气象水文事件造成的经济损失和1960—2000年间的平均值相比，增加了近10倍[3]。因此，在变化环境背景下，开展流域极端气象水文事件研究，评估变化环境对区域水资源安全造成的影响，对流域水资源管理、区域防洪减灾、生态环境保护和社会经济可持续发展具有重要的科学意义和指导作用。

变化环境往往会导致气象水文过程产生条件的剧烈变化，使得水文序列的统计特征出现变化，削弱了水文序列"一致性"假设的适用性。在实际生产运用中，水文气象资料的三性（可靠性、一致性、代表性）审查是水文水利计算的基础。假如水文序列出现了变异点，那么这个点就将整个时间序列分为统计特征差异显著的前后两段，两段水文序列产生的条件并不一致。在工程水文水利计算中，如果采用具有非一致性的水文气象资料进行频率分析计算，必然会给水利工程规划、水资源调度、配置和预测模拟带来误差和风险。因此，有必要针对水文序列的"非一致性"问题进行研究。

目前，尽管针对水文序列尤其是径流序列变异诊断的研究很多，但很少有研究关注极端气象水文资料的"非一致性"问题。实际上，极端气象水文事件的发生常常与水文时间序列的变异紧密相关。在工程水文水利计算和预测模拟中，极端气象水文事件的历史特征值往往可以用来对未来可能出现的极值进行估计和分析。因此，在变化环境中，研究极端气象水文序列的"非一致性"，识别极端气象水文资料的变化趋势和变异点，不仅能够进一步揭示区域水循环对变化环境的响应，还能够为区域防洪减灾提供参考依据。

渭河流域位于我国西北内陆地区，地处黄土高原半干旱半湿润地区，属于气候变化敏感区和生态环境脆弱区。作为我国西北地区主要的粮食产区和重要的工商业区，渭河流域水资源安全及水资源管理显得异常重要。尤其是随着关中—天水经济带的建立，渭河流域将在整个西部经济发展过程中发挥更重要的作用。变化环境下，渭河流域水文气象要素（降水、气温、径流、蒸散发等）的演变特征一直是人们研究的重点和热点问题[4-11]。尽管前人已取得丰硕的成果，但很少有研究系统地探讨过变化环境下渭河流域极端气象水文事件的演变规律，对极端气象水文时间序列"非一致性"问题的关注就更少。

因此，本书选取渭河流域为研究对象，针对变化环境下的流域极端气象水文事件展开分析，研究流域极端气象水文事件的时空演变规律，重点关注流域极端气象水文时间序列的"非一致性"问题，探讨流域极端气象水文序列演变的驱动力，以期为渭河流域水资源管理、科学防灾减灾、监测预警和预测提供参考依据。

1.2 国内外研究进展

1.2.1 极端气象水文事件

IPCC第五次报告指出，全球平均气温在1951—2012年上升了大约0.72℃，平均气温的升高直接影响了极端气温的变化[2]。全球气候变暖导致水文循环速度加快，高温、热浪、干旱、暴雨、洪涝等极端气象水文事件频发，且强度和与频率都呈增加趋势[2]。极端气象水文事件是指发生概率小、破坏力大、突发性强且难以预测的气象水文事件。比如2010年我国云南省突发的全省性百年一遇特大旱灾，干旱范围、持续时间、程度和损失均为云南省历史少有；又比如2018年超强台风"山竹"登陆我国广东省，导致5省区共300万人受灾，直接经济损失高达52亿元。总而言之，这些极端气象水文事件的发生及其导致的灾害风险，正使人类社会的可持续发展面临重大挑战。

20世纪八九十年代，国内外学者们就开始关注并研究极端气象水文事件。1995年，IPCC第二次报告特别指出了极端事件变化研究的重要性[12]，并且试图解答"气候是否更加容易变化或极端化"这个问题。随后，1997

年世界气象组织（World Meteorological Organization，WMO）、全球气候观测系统（Global Climate Observation System，GCOS）等机构在美国主持并召开了"气候极值变化指数和指标"研讨会[13]。进入 21 世纪以来，在俄罗斯莫斯科召开的水文气象安全问题会议，吸引了众多学者的参与，针对极端气候水文事件的影响、预测、预估、预警和对策等的讨论将极端气象事件的研究推到了一个新的高度[14]。2008 年以来，我国"十一五"科技支撑计划重点项目，开始关注我国主要的极端天气气候事件及重大气象灾害的监测、检测和预测关键技术研究[15]，也掀起了国内学者研究极端气象水文事件的热潮。

目前，国内外学者主要采用时间序列和概率统计的方法对全球或区域性的极端气象水文事件进行定义和研究。在定义极端气象水文事件指标时，人们主要采用的是绝对阈值法和（或）百分比阈值法来确定极端气象水文事件的阈值。如果水文气象要素的某个值超过这个阈值，那么该值就被认为是极值，该事件也就被认为是极端事件[2,15]。极端气象事件主要指极端气温事件，例如日最高平均气温值、日最低平均气温值、暖夜、暖昼、热浪、生长期长度等。极端水文事件主要包括极端降水事件、极端洪涝事件、干旱事件等。

Jakob 和 Walland 对澳大利亚的极端降水和极端气温事件研究表明：澳大利亚地区极端气温呈增加趋势，其中极端低温的增加趋势要比极端高温的增加趋势显著；极端日降水量在冬季呈显著减少趋势，但在春季却呈显著增加趋势[16]。Brown 等对美国东北部地区极端降水和极端气温的研究表明：极端气温的变化以暖夜、霜冻日和生长期日数显著增加为主要特征，且当地的极端降水量也表现出增加趋势[17]。Yu 和 Li 对我国北方极端气温的变化规律研究表明：我国北方地区极端气温日较差呈显著减少趋势，且冷夜的增加趋势要比冷昼的增加趋势显著[18]。张万诚等研究了我国云南省的极端气温时空演变规律，得出：除局部地区有降温趋势外，升温趋势是最大的特点；最低气温的变化速度比最高气温的升温幅度快；升温最快的区域为滇西北地区[19]。贾文雄等对祁连山及河西走廊地区的端降水的时空变化研究表明：该地区极端降水日数、总量、1 日和 5 日最大降水量呈增加趋势；连续干旱日数、连续湿润日数呈减小趋势[20]。顾西辉等对新疆塔里木河流域洪水变化规律研究发现：20 世纪 80 年代中后期以来，塔里木河流域的气温、降水和流域的年及季节洪峰流量呈显著增加趋势，洪水量级高于整个观测时期的均值，属于洪水丰富期[21]。陶望雄和贾志峰对渭河流域干流中游径流极值变化特征的研究表明：流域径流最大值和最小值都呈现出明显的趋势，且具有正持续性；非汛期、汛期的极端事件分别集中在 1—3 月和 9—10 月，两者的强度分别呈增加和减小趋势[22]。

1.2.2 气象水文序列非一致性

受气候变化和人类活动的双重影响，许多地区的气象水文要素统计特征出现了不同程度的变化，在时间维度上呈现出非一致性，即出现了变异特征[23-24]。极端气象水文事件的发生往往与水文时间序列的变异密切相关[23]。一方面，水文序列出现变异点表明，极端气象水文事件的发生频率和强度都出现了变化；另一方面，极端气象水文事件的发生又有可能导致其他更大更显著的水文变异的产生[24]。由此可见，气象水文序列非一致性给水文规律分析、模拟预测、防洪减灾等带来严重挑战。因此，为了定量区分气候变化和人类活动的影响程度，有必要识别水文序列的变异特征，找出水文序列前后统计特征不一致的变异点。

气象水文序列非一致性研究的首要任务是识别气象水文序列变异特征。该研究的开端通常认为是 Page 在 Biometrika 期刊发表的一篇关于连续抽样检验的文章[25]。随后，英国学者 Hurst 针对水文序列的持续性研究，提出了 R/S 分析方法[36]。Brown 和 Forsythe 针对单因子方差分析法 F 检验进行了改进，提出了改进的 Brown - Forsythe 法，针对单因子方差分析法中对样本分布、方差和数量的要求提出了解决方案[26-27]。目前，国内外学者针对水文序列变异诊断已经提出了很多种方法，这些方法主要是针对水文序列的方差或均值或某个统计特征参数的变化进行检验。

当前常用的变异点诊断方法有：时间过程线法、滑动平均法、累积距平法、秩和检验法、T 检验法和滑动 T 检验法、F 检验法和滑动 F 检验法、基于贝叶斯理论的里海哈林（Lee - Heghinian）法[28]、克莱默（Crammer）法、有序聚类分析法、非参数佩蒂特（Pettitt）检验法[29-30]、Yamamoto 法[31]、Lepage 法、贝叶斯变点分析模型[32-33]、Mann - Kendall 法[34-35]、分形理论中的 R/S 法[36-37]、两阶段线性回归法[38]、启发式分割法[39] 等。由于这些方法的原理、数据假设、适用条件不同，往往导致变异点的识别结果存在一定差异，所以雷红富等采用统计实验的方法，对 10 种常用的水文序列变异点检验方法的性能进行了对比分析，结果发现：秩和检验、Brown-Forsythe 法、有序聚类分析法、滑动 T 检验法、Bayesian 法、里海哈林（Lee-Heghinian）检验方法等一般对均值变异类的时间序列检验效果明显；相比其他方法，滑动 F 检验法更能高效地检验变差系数 C_v 变异类的时间序列；但是，这些方法对偏态系数 C_s 的变异序列检验效率都比较的低[40]。谢平等将多种方法结合起来，提出了水文变异诊断综合体系，认为水文变异诊断过程可以分为初步诊断和详细诊断，首先判断水文序列是否存在显著趋势，然后采用多种方法识别变异点，再比较多种方法的变异点诊断结果，最后得到可靠的变异点[35]。

由于该诊断体系方法众多，计算工作量较大，人们还是习惯利用一些常用的方法对各个区域的降水、径流、蒸发、气温等时间序列进行变异点诊断研究。朱锦和朱卫红采用 Pettitt 检验法、Mann-Kendall 检验法、滑动 T 检验、累计距平法和秩和检验识别布尔哈通河的水文序列的变异点，结果发现布尔哈通河水文序列在 1966 年、1985 年和 2002 年出现了变异点[41]。郭爱军等采用累积距平法和 Mann-Kendall 检验法诊断渭河流域年径流序列的变异点，结果发现渭河流域年径流序列在 1971 年和 1991 年出现了变异点[42]。张敬平等采用有序聚类分析法和启发式分割法，对山西省漳泽水库站天然年径流序列和年降水量进行变异点诊断，研究结果表明：启发式分割法较有序聚类分析法更灵敏，能够检测出多个变异点，该站径流量和降水量的变异存在同步性，分割后的子序列变差系数比原序列的要小，均值相差也很大[43]。

1.3　现有研究的不足和发展趋势

综合国内外相关文献可以看出，关于极端气象水文事件变化规律和水文序列变异诊断的研究，已经取得丰硕的成果。但是，由于水文系统本身的随机性和不确定性，目前关于极端气象水文事件和水文序列非一致性的研究，仍然存在一定的不足和有待深入的空间，主要表现在以下几个方面。

（1）极端气象水文事件的研究多集中在极端降水和极端气温事件上，研究内容包括指标的定义、时空演变特征等；对极端径流（洪水和枯水）事件以及极端干旱事件的研究较少；且极端降水和极端气温事件的指标定义和标准，相比极端干旱事件、洪水和枯水事件的指标定义和标准，更为完整和统一。

（2）极端气象水文事件的研究主要停留在极端事件发生的频率、强度、持续时间等的时空演变规律分析和定性研究阶段，如何深入地研究极端气象水文事件形成的过程和机理，准确地开展极端气象水文事件的预报还需要进一步的探索。

（3）极端气象水文事件的特点是发生概率小、破坏力大，如何利用全球气候模式 GCM、区域气候模式 RCM 和降尺度技术，准确地模拟未来气候变化情景下极端气象水文事件发生的概率和变化规律，以期为区域的可持续发展提供参考依据，是未来研究的一种发展趋势。

（4）极端气象水文事件往往与水文序列变异紧密相关，如何将传统的统计方法和水文模型结合起来准确模拟极端气象水文事件，并定量区分气候变化和人类活动对极端气象水文事件造成的影响仍然需要深入探索。

（5）气象水文序列的非一致性多集中在年序列的变异点识别及定量分解气候变化和人类活动对气象水文时间序列变异的贡献率，如何深入地研究并得到一种通用的非一致性水文序列频率分析方法，并且针对相关的防洪设计指南进行修订，是未来研究的一种方向。

1.4　研究目标

本书主要围绕"变化环境下极端气象水文序列的一致性是否受影响"这一问题开展，研究讨论的主要科学问题具体如下。

（1）在极端气象序列（主要指气温、降水）非一致性方面，当前主要围绕气象数据均值的非一致性展开研究，而对气象极值序列的非一致性研究较少。事实上，农业生产及人类生活对极端气象事件的影响更为敏感。变化环境下，流域极端气象事件具有很大的不确定性，其不仅受流域内人类活动干扰，还受流域外大尺度气候事件的影响，从而增加了对其非一致性研究的难度。因此，变化环境下，如何结合极端气象事件不确定性以及大尺度气候事件的变化，深入揭示流域极端气象事件的变化规律及其时间序列的非一致性是本书的一个重要科学问题。

（2）在极端水文序列（主要指洪水和枯水）非一致性方面，目前没有形成类似极端气象事件的统一研究指标体系。以往研究主要针对洪水、枯水等极端水文时间序列的均值变异开展，对方差变异的关注不足，对引起变异的主要成分也未阐释清楚。具体而言，人类活动不仅会影响洪水时间序列的均值，同样也会对其方差产生影响，但以往的研究鲜有从趋势、均值变异点及方差变异点等多角度分析流域洪水时间序列的非一致性特征。而枯水对流域生态环境的影响十分显著，以往研究多描述的是枯水序列的变化特征，并未阐明引起枯水变异的主要周期成分。因此，变化环境下，揭示流域洪水事件强度波动的非一致性变化特征及其驱动力，并阐明引起枯水非一致性的主要周期成分，是本书的另一个重要科学问题。

1.5　研究内容和技术路线

1.5.1　主要研究内容

本书以渭河流域为研究对象，针对变化环境下流域的极端气温、极端降水、洪水和枯水等的时间序列开展非一致性研究，识别流域极端气象水文时间序列的变化趋势和变异点，探究流域极端气象水文序列非一致性的驱动力。主要研究内容如下：

（1）渭河流域土地利用/覆被演变特征分析。查阅历史文献，收集渭河流域不同时期的土地利用图及相关人类活动资料，分析流域土地利用/覆被类型转移方向及其面积变化幅度，分析流域土地利用/覆被变化规律，研究流域下垫面演变特征，辨识流域下垫面变化的主要驱动力。

（2）渭河流域气象水文要素基本特征及非一致性研究。收集渭河流域的年平均气温、年降水量及年径流量等水文要素资料，分析其基本统计特性，研究其时空变化规律，辨识其变异特征，为开展渭河流域极端气象水文序列的非一致性研究奠定基础。

（3）基于云模型的渭河流域极端气温非一致性研究。针对渭河流域极端气温序列，基于云模型理论，建立渭河流域极端气温云模型，研究其不确定性特征（分散度、均匀性和稳定性）的时空演变规律；识别流域极端气温时间序列的变化趋势及变异点，分析其确定性特征，尤其是非一致性特征，并探讨其对流域变化环境的响应。

（4）极端降水非一致性诊断及其与海洋-大气环流因子的遥相关研究。针对渭河流域极端降水，研究其强度、频率及持续时间在时间上、空间上的演变特征；诊断其时间序列的变异点，分析其变异特征；研究渭河流域极端降水与海洋-大气环流模式的遥相关性，探讨渭河流域极端降水非一致性的驱动力。

（5）渭河流域洪水时间的序列非一致性研究。针对渭河流域洪水事件，研究其出现时间、发生频次等特点；识别其时间序列的变化趋势、均值变异点及方差变异点，多角度分析渭河流域洪水时间序列的非一致性特征；对比分析均值变异点和方差变异点给传统水文频率分析带来的负面影响，探讨变化环境下洪水时间序列非一致性的驱动力。

（6）流域枯水序列非一致性诊断及其与气候因子尺度相关性研究。针对渭河流域枯水事件，研究其时间序列变化趋势，识别其变异点；分析流域枯水序列变化趋势及变异点产生的主导周期成分；分析其与气候因子的尺度相关性，辨识渭河流域枯水序列非一致性的驱动力。

1.5.2 研究技术路线

本书在综述极端气象水文事件及水文序列变异诊断的研究动态的基础上，针对变化环境下渭河流域的极端气象水文的时间序列非一致性开展研究。研究的技术路线如图1.1所示。研究过程如下：

（1）熟悉渭河流域概况，并收集基本研究资料；

（2）采用土地转移矩阵法及土地利用/覆被面积变化率，分析渭河流域下垫面演变特征；

（3）采用线性回归法、趋势检验法及启发式分割法，研究渭河流域气象水文要素基本演变特征及非一致性；

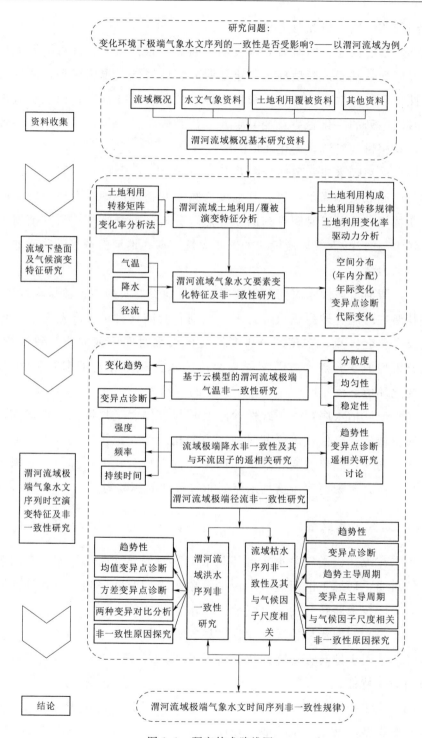

图 1.1　研究技术路线图

（4）采用云模型理论、趋势检验法、启发式分割法及 Spearman 秩相关，分析渭河流域极端气温时空演变特征、非一致性及其对流域变化环境的响应；

（5）定义极端降水相应的强度、频率及持续时间指标，采用趋势检验法、启发式分割法及交叉小波变换法，研究流域极端降水时空演变特征及其序列非一致性，探究其与海洋-大气环流因子的遥相关性；

（6）采用趋势检验法、启发式分割法及西沃兹准则，针对渭河流域洪水事件，从变化趋势、均值变异点及方差变异点等多角度探讨其序列的非一致性特征及驱动力，比较分析均值变异和方差变异对设计洪水的影响；

（7）定义枯水径流指标，采用趋势检验法、启发式分割法、离散小波分解法及 Pearson 相关系数法，研究渭河流域枯水时间序列的非一致性问题，探究其非一致性产生的主导周期成分及其与气候因子间的尺度相关性，辨识其非一致性驱动力。

第2章　渭河流域概况及基本资料

2.1　渭河流域概况

2.1.1　地理位置

渭河是黄河第一大支流，发源于甘肃省渭源县西南海拔 3495m 的鸟鼠山北，自西向东流经渭源、武山、甘谷、天水等县（市）之后，在凤阁岭进入陕西省，东西横通宝鸡、杨凌、咸阳、西安、渭南等市（区）后，在潼关港口汇入黄河，流域全长 818km，总面积 13.5 万 km^2。陕西省境内流域全长 502.4km，面积达 6.71 万 km^2。渭河流域总地形为西北高中部低，最低点在海拔 325m 的潼关，最高点为海拔 3767m 的太白山。泾河为渭河第一大支流，源头位于宁夏回族自治区，总长 455.1km，流域总面积达 45421km^2。北洛河为渭河第二大支流，发源于陕西省吴旗县白于山，全长 680.3km，流域总面积达 26905km^2。

渭河流域地理范围为东经 104°～110°，北纬 33°～38°，如图 2.1 所示。渭河流域南面有东西走向的秦岭横亘，北面有六盘山屏障。

渭河流域在陕西省境内的气象站点有佛坪、宝鸡、洛川、商县、吴旗、华山、西安、延安、武功、长武、镇安；在甘肃省境内的气象站点有华家岭、临洮、环县、西峰镇、天水、平凉、岷县；在宁夏境内的气象站点有固原和西吉，如图 2.1 所示。本书的研究区域包括渭河流域全部范围，同时根据研究的需要进行子区域的划分和说明。

2.1.2　地形地貌

渭河流域地势自西向东逐渐降低，最高处高度达 3767m，最低处仅为

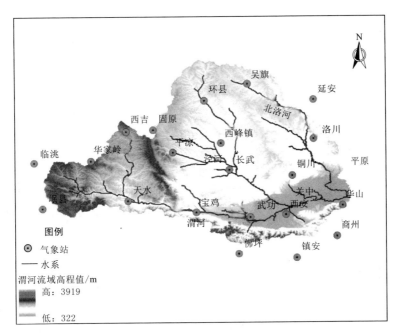

图 2.1 渭河流域气象站点分布图

325m。渭河流域内的主要山脉有六盘山、陇山、秦岭等。渭河流域地貌复杂多变，包括黄土丘陵区、黄土高原区和河谷冲积平原区等。

渭河流域地形地貌图如图 2.2 所示。渭河流域上游区域以黄土丘陵区为主，面积占流域总面积的 70% 左右。渭河流域中、下游南部为秦岭土石山区，北部为黄土高原区，中部为黄土沉积和渭河干支流冲积而成的河谷

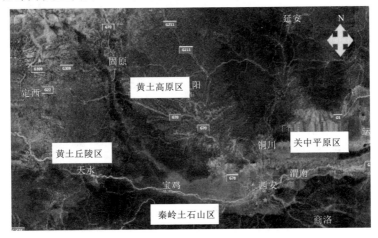

图 2.2 渭河流域地形地貌图

冲积平原区-关中盆地。

2.1.3　河流水系

渭河流域水系呈羽扇状，支流众多其中北岸支流较少，南岸支流密布。渭河流域在甘肃省境内的主要支流有秦祁河、大咸河、散渡河等，在陕西省境内的主要支流有清姜河、清水河、石头河等。泾河是渭河的第一大支流，发源于宁夏回族自治区六盘山泾源县和固原县，在西安市高陵区境内汇于渭河。泾河干流全长 455km，流域面积约占渭河流域总面积的 34%。北洛河为渭河第二大支流，发源于陕西省定边县，在大荔县汇入渭河，干流全长 680km，流域面积约占渭河流域总面积的 23%。

2.1.4　气候特征

渭河流域地处大陆性季风气候带，四季分明，春季气温多变少雨，夏季炎热多雨，秋季凉爽多阴雨，冬季寒冷且干燥。此外，渭河流域属于干旱地区和湿润地区的过渡带。流域降水的特点为南多北少、年内分配不均。

2.2　渭河流域基本资料

2.2.1　水文资料

渭河流域主要有林家村、咸阳、华县、张家山和洑头五个水文站。它们的基础信息见表 2.1。

表 2.1　　　　　　　　渭河流域五个水文站的地理信息

序号	水文站	纬度(N)/(°)	经度(E)/(°)	控制面积/km²	逐日资料	逐月、逐年资料
1	林家村	34.38	107.05	30661	1960-1-1—2003-12-31	1960—2010
2	咸阳	34.32	108.7	46827	1960-1-1—2010-12-31	1960—2010
3	华县	34.58	109.77	106498	1960-1-1—2010-12-31	1960—2010
4	张家山	34.63	108.6	43216	1960-1-1—2010-12-31	1960—2010
5	洑头	35.03	109.83	25645	1960-1-1—2001-12-31	1960—2010

上述水文站的空间位置如图 2.3 所示。其中，林家村、咸阳和华县主要分布在渭河流域干流的上、中、下游，是干流上、中、下游主要的控制站。张家山和洑头站分别为泾河流域和北洛河流域的控制站。

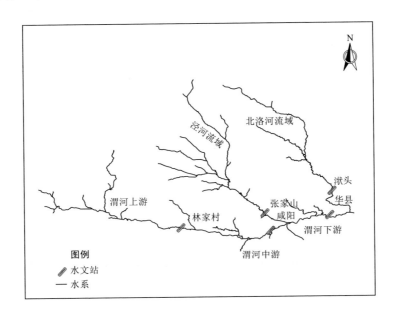

图 2.3　渭河流域水文站空间分布

华县站作为渭河流域的出口控制站，其控制面积约占整个渭河流域总面积的 97%。本书从黄河流域水文年鉴收集到的水文资料包括：上述五个水文站 1960—2010 年的年径流资料、年/月输沙量资料；咸阳、张家山、华县三站 1960—2010 年的日径流资料。

2.2.2　气象资料

渭河流域内及周边共有 21 个气象站点，它们的基本信息见表 2.2，空间分布如图 2.1 所示。

通过中国气象科学数据共享服务网收集到的气象资料包括 21 个气象站点 1960—2010 年的日降水、平均气温、平均/最大风速、平均风向、日照时数、平均相对湿度等资料。基于上述资料，采用 Penman-Menteith 公式计算，得到了各个气象站点的潜在蒸散发数据。21 个气象站点 1960—2010 年的年降水量是日降水量之和。其中，21 个气象站点日平均最高气温、日

表 2.2　　　　　　　　　　　渭河流域 21 个气象站点的地理信息

序号	气象站点	纬度(N)/(°)	经度(E)/(°)	高度/m
1	宝鸡	34.35	107.13	612
2	长武	35.2	107.8	1206
3	佛坪	33.52	107.98	827
4	固原	36	106.27	1753
5	华家岭	35.38	105	2450
6	环县	36.58	107.3	1255
7	华山	34.48	110.08	2064
8	临洮	35.35	103.85	1893
9	洛川	35.82	109.5	1159
10	岷县	34.43	104.02	2315
11	平凉	35.55	106.67	1346
12	商州	33.87	109.97	742
13	天水	34.58	105.75	1141
14	铜川	35.08	109.07	978
15	武功	34.25	108.22	447
16	吴旗	36.92	108.17	1331
17	西安	34.3	108.93	397
18	西峰镇	35.73	107.63	1421
19	西吉	35.97	105.72	1916
20	延安	36.6	109.5	958
21	镇安	33.43	109.15	693

平均最低气温只有 1958—2008 年的资料较为完整，其余年份缺测较多。

　　由于气象站点观测的降水、气温数据只代表站点处的降水或气温，因此本书在 ArcGIS 平台中采用泰森多边形法，将其转换为渭河流域或相应的子流域的面雨量或面平均气温。

2.2.3 土地利用/覆被资料

本书从中国科学院东北地理与农业生态所遥感与信息中心,收集了渭河流域 1985 年、1995 年及 2005 年三期土地利用类型图,比例尺为 1∶10万。参照我国《土地利用现状分类》(GB/T 21010—2007),结合渭河流域土地利用实际状况,借助 ArcGIS 操作平台对这三期遥感数据进行重分类。最终,将渭河流域的土地利用/覆被类型分为 10 类:耕地、林地、灌木林地(简称灌木)、高覆盖草地(简称高草)、低覆盖草地(简称低草)、水域、城镇用地(简称城镇)、农村用地(简称农村)、建设用地(简称建设)和裸地(指未开发利用的土地)。

2.2.4 水利工程

本书从陕西省江河水库管理局收集到渭河流域的水利工程建设资料,主要是水利工程类型、数量和规模等数据。渭河流域从 20 世纪 50 年代起开始大规模的修建水利工程,70 年代水库的修建达到了顶峰时期。80 年代流域又开展了综合治理工作。截至 2007 年,渭河流域共建成:①302 座大、中、小型水库,总库容 27.3 亿 m^3,其中兴利库容 15.5 亿 m^3;②2631 处引水工程,6578 处提水工程,13.5 万眼机电井;③9 处大型灌区,蓄、引、提水工程的有效灌溉面积达到了 121 万亩。此外,流域还兴修了 2464.7 万亩农田,并开展了大规模的水土保持措施工作,修建了大量的淤地坝、蓄水池、水窖等小型的水土保持工程。

2.2.5 其他资料

其他研究资料包括渭河流域植被覆盖数据、流域土壤湿度数据、流域人类活动数据及海洋-大气环流因子数据。其中,流域植被覆盖数据——归一化差异植被指标(NDVI)数据集由美国美国国家航空航天局(NASA)陆地过程分布式数据档案中心提供,起止时间为 1982—2010 年。人类活动数据包括渭河流域内水土保持措施数据、流域内主要灌区及人口数据,主要来源于陕西省和甘肃省统计局。

渭河流域月尺度的土壤湿度数据是基于 VIC 模型(variable infiltration

capacity model，VIC）模拟得到，起止时间为 1960—2010 年，由美国太平洋西北国家实验室 PNNL 提供。海洋-大气环流模式数据主要考虑 EN-SO 事件及太平洋代际震荡 PDO 事件相关指标，均可在相关网站免费获取。

第3章 渭河流域土地利用/覆被演变特征分析

本章拟通过分析不同时期流域土地利用/覆被类型面积的动态变化，了解渭河流域下垫面的演变特征。主要的研究数据包括：渭河流域 1985 年、1995 年及 2005 年三期土地利用类型图及 1960—2006 年整个渭河流域水土保持措施数据。

3.1 研究方法

本章拟采用土地利用转移矩阵法、土地利用/覆被面积变化率研究渭河流域下垫面的演变特征。

3.1.1 土地利用转移矩阵法

土地利用转移矩阵实质上是马尔可夫模型在土地利用/覆被变化方面的应用。该方法不仅可以定量描述不同土地利用/覆被类型之间的转化情况，还可以揭示不同土地利用/覆被类型之间的转移速率（或者说比率）[44]。其通用表达方式见表 3.1。

表 3.1 土地利用转移矩阵法

T_1	T_2				P_{i+}	减少
	A_1	A_2	$\cdots$	A_n		
A_1	P_{11}	P_{12}	$\cdots$	P_{1n}	P_{1+}	$P_{1+}-P_{11}$
A_2	P_{21}	P_{22}	$\cdots$	P_{2n}	P_{2+1}	$P_{2+}-P_{22}$
$\vdots$	$\vdots$	$\vdots$	$\vdots$	$\vdots$	$\vdots$	$\vdots$
A_n	P_{n1}	P_{n2}	$\cdots$	P_{nn}	P_{n+}	$P_{n+}-P_{nn}$

T_1	T_2				P_{i+}	减少
	A_1	A_2	$\cdots$	A_n		
P_{+j}	P_{+1}	P_{+2}	$\cdots$	P_{+n}	1	
新增	$P_{+1}-P_{11}$	$P_{+2}-P_{12}$	$\cdots$	$P_{+n}-P_{nn}$		

注　表中：T_1、T_2 分别表示两个时段，也可以分别表示为时段初和时段末；

$\quad$ P_{ij} 表示 T_1—T_2 期间土地/覆被类型 A_i 转换为土地/覆被类型 A_j 的面积占整个土地总面积的百分比；

$\quad$ P_{ii} 表示 T_1—T_2 期间土地/覆被类型 A_i 保持不变的面积百分比；

$\quad$ P_{i+} 表示 T_1 期间土地/覆被类型 A_i 的总面积百分比；

$\quad$ P_{+j} 表示 T_2 期间土地利用/覆被类型 A_j 的总面积百分比；

$\quad$ $P_{i+}-P_{ii}$ 表示 T_1—T_2 期间地类 A_i 面积减少的百分比；

$\quad$ $P_{+j}-P_{jj}$ 表示 T_1—T_2 期间地类 A_j 面积增加的百分比。

通过计算渭河流域不同时期的土地利用/覆被类型的土地转移矩阵表，可以揭示流域不同土地利用/覆被类型之间的转化情况及转移速率，进而可以反映出人类活动和自然因素对流域下垫面造成的影响。

3.1.2　土地利用/覆被面积变化率

土地利用/覆被面积变化率指的是某一特定土地利用类型（或覆被类型）时段末和时段初的面积变化程度。主要通过下式进行计算：

$$R=\frac{|K_b-K_a|}{K_a}\times100\%　\tag{3.1}$$

式中：R 为某一特定土地利用/覆被类型的面积变化率；K_a、K_b 分别为某一特定土地利用/覆被类型时段初和时段末的面积。

3.2　渭河流域不同时期土地利用/覆被类型构成

根据收集到的 1985 年、1995 年及 2005 年的渭河流域土地利用/覆被类型图，分析了流域不同时期的土地利用类型结构及其相应比例。

3.2.1　1985 年土地利用类型构成

渭河流域 1985 年不同土地利用/覆被类型结构及其百分比分别如图 3.1 和图 3.2 所示。由图可知，不同土地利用/覆被面积大小排序依次为：

图 3.1   渭河流域 1985 年不同土地利用/覆被类型结构

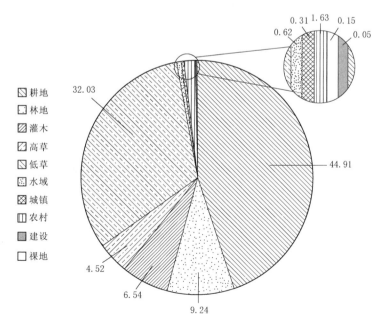

图 3.2   渭河流域 1985 年不同土地利用/覆被类型结构百分比（％）

耕地（44.91％）＞低草（32.03％）＞林地（9.24％）＞灌木（6.54％）＞高草（4.52％）＞农村（1.63％）＞水域（0.62％）＞城镇（0.31％）＞裸地（0.15％）＞建设（0.05％）。其中，耕地和低草为最主要的土地利用方式，面积分别为 66399km²、40499km²，共占流域总面积的 76.94％；林地、灌木和高草面积依次为 12399km²、8778km² 和 6062km²，共占流域总面积的 20.30％。

3.2.2　1995 年土地利用类型构成

渭河流域 1995 年不同土地利用/覆被类型结构及其百分比分别如图 3.3 和图 3.4 所示。由图可知，不同土地利用/覆被面积大小排序依次为：耕地（49.16％）＞低草（31.62％）＞林地（8.21％）＞灌木（5.84％）＞高草（4.28％）＞城镇（0.30％）＝水域（0.30％）＞农村（0.12％）＞裸地（0.10％）＞建设（0.06％）。其中，耕地和低草两者的面积分别为 65962km²、42428km²，占流域总面积的 80.78％；随后是林地、灌木和高草，面积依次为 11013km²、7839km² 和 5746km²，共占流域总面积的 18.33％。

图 3.3　渭河流域 1995 年不同土地利用/覆被类型结构

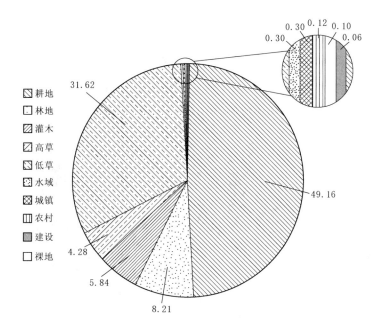

图 3.4 渭河流域 1995 年不同土地利用/覆被类型结构百分比（％）

3.2.3 2005 年土地利用类型构成

渭河流域 2005 年不同土地利用/覆被类型结构及其百分比分别如图 3.3 和图 3.4 所示。由图可知，不同土地利用/覆被面积大小排序依次为：耕地（49.49％）＞低草（30.18％）＞林地（8.26％）＞灌木（6.30％）＞高草（4.80％）＞城镇（0.44％）＞水域（0.22％）＞农村（0.19％）＞裸地（0.07％）＞建设（0.05％）。其中，耕地和低草两者的面积分别为 66399km²、40499km²，占流域总面积的 79.67％；随后是林地、灌木和高草，面积依次为 11089km²、8449km² 和 6441km²，共占流域总面积的 19.36％。

对比这三期土地利用/覆被类型，可以发现耕地、林地和草地三者面积之和占流域总面积的 98％以上，是渭河流域主要的土地利用/覆被类型。在 1985—2005 年，这三者面积之和变化并不明显。此外，不同土地利用/覆被类型存在一定转移现象，因此有必要深入研究流域土地利用/覆被转移及变化率。

图 3.5　渭河流域 2005 年不同土地利用/覆被类型结构

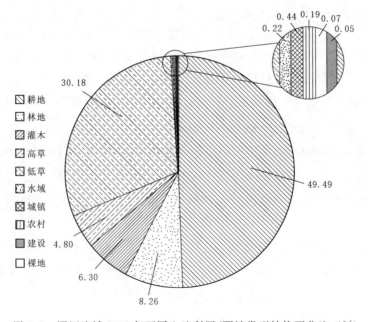

图 3.6　渭河流域 2005 年不同土地利用/覆被类型结构百分比（%）

3.3 渭河流域土地利用转移矩阵

基于 ArcGIS 10.3 操作平台，分别对 1985 年和 1995 年、1995 年和 2005 年两组相邻时期土地利用类型图进行空间矢量叠加，提取不同土地类型/覆被的空间变化属性值，计算土地利用/覆被类型的空间转移面积和转移百分比，得到了 1985—1995 年、1995—2005 年的土地利用转移矩阵，结果见表 3.2 和表 3.3。

表 3.2 表示的是渭河流域 1985—1995 年土地利用转移矩阵。由表 3.2 可知，在 1985—1995 年，渭河流域的土地利用/覆被类型主要是在耕地、林地和草地之间的转移程度较高。具体如下。

（1）耕地主要转化为低草，转移面积为 13065km²，转移百分比为 22%。

（2）林地主要转化为耕地和低草，转移面积分别为 1385km²、1695km²，转移百分比分别为 11%、14%。

（3）灌木主要转化成耕地、林地和低草，转移面积依次为 1194km²、949km² 和 1835km²，转移百分比分别为 14%、11% 和 21%。

表 3.2　　　　　渭河流域 1985—1995 年土地利用转移矩阵

土地利用/覆被类型		耕地	林地	灌木	高草	低草	水域	城镇	农村	建设	裸地
转移面积 /km²	耕地	**44419**	683	963	645	13065	205	117	102	32	20
	林地	1385	**7145**	1189	935	1695	14	11	7	8	10
	灌木	1194	949	**4064**	721	1835	6	1	0	2	6
	高草	622	1160	588	**2827**	856	5	2	1	0	3
	低草	15731	972	997	599	**24543**	35	19	12	10	48
	水域	483	23	19	11	148	**122**	7	4	4	7
	城镇	141	5	2	1	19	3	**240**	2	1	0
	农村	1874	23	8	8	218	9	9	**33**	3	1
	建设	42	1	1	1	5	1	2	2	**15**	0
	裸地	63	45	7	2	42	1	0	0	0	**43**

续表

土地利用/覆被类型		耕地	林地	灌木	高草	低草	水域	城镇	农村	建设	裸地
转移面积 百分比/%	耕地	**74**	1	2	1	22	0	0	0	0	0
	林地	11	**58**	10	8	14	0	0	0	0	0
	灌木	14	11	**46**	8	21	0	0	0	0	0
	高草	10	19	10	**47**	14	0	0	0	0	0
	低草	37	2	2	1	**57**	0	0	0	0	0
	水域	58	3	2	1	18	**15**	1	1	1	1
	城镇	34	1	0	0	5	1	**58**	0	0	0
	农村	86	1	0	0	10	0	0	**1**	0	0
	建设	61	1	1	1	7	1	2	3	**22**	0
	裸地	31	22	3	1	21	0	0	0	0	**21**

注　表格上部分表示转移面积,下部分表示转移面积百分比;对角线加粗的数字表示对应列土地利用/覆被类型本身的面积或百分比,与加粗数字同行的数字表示该土地利用/覆被类型转移为其他土地利用/覆被类型的面积或百分比。

表 3.3　　　　　　渭河流域 1995—2005 年土地利用转移矩阵

土地利用/覆被类型		耕地	林地	灌木	高草	低草	水域	城镇	农村	建设	裸地
转移面积 /km²	耕地	**53661**	594	880	643	9547	143	252	189	37	14
	林地	527	**7627**	936	984	900	9	8	2	3	17
	灌木	724	902	**4782**	554	861	6	3	2	1	5
	高草	496	839	525	**3333**	548	1	1	1	0	2
	低草	10451	1086	1310	917	**28552**	45	18	28	5	15
	水域	265	8	7	3	25	**85**	3	2	3	1
	城镇	102	6	0	1	11	0	**283**	4	0	0
	农村	106	3	1	1	11	1	16	**20**	3	0
	建设	34	13	2	1	3	2	3	0	**13**	0
	裸地	33	11	5	3	42	7	0	0	0	**37**

土地利用/覆被类型		耕地	林地	灌木	高草	低草	水域	城镇	农村	建设	裸地
转移面积 百分比/%	耕地	**81**	1	1	1	14	0	0	0	0	0
	林地	5	**69**	9	9	8	0	0	0	0	0
	灌木	9	12	**61**	7	11	0	0	0	0	0
	高草	9	15	9	**58**	10	0	0	0	0	0
	低草	25	3	3	2	**67**	0	0	0	0	0
	水域	66	2	2	1	6	**21**	1	0	1	0
	城镇	25	2	0	0	3	0	**69**	1	0	0
	农村	65	2	1	1	6	1	10	**13**	2	0
	建设	45	17	3	2	4	3	4	1	**21**	0
	裸地	24	8	3	2	31	5	0	0	0	**27**

注 表格上部分表示转移面积，下部分表示转移面积百分比；对角线加粗的数字表示对应列土地利用/覆被类型本身的面积或百分比，与加粗数字同行的数字表示该土地利用/覆被类型转移为其他土地利用/覆被类型的面积或百分比。

（4）高草主要转化为林地和低草，转移面积分别为 1160km²、856km²，转移百分比分别为 19%、14%。

（5）低草主要转化为耕地，转移面积为 15731km²，转移比例高达 37%。

（6）水域、城镇、农村和建设用地均是大幅度转化为耕地，其转移面积分别为：483km²、141km²、1874km² 和 42km²，转移百分比依次为 58%、34%、86% 和 61%。

（7）裸地主要转化为耕地、林地和低草，转移面积分别为 63km²、45km² 和 42km²，转移百分比依次为 31%、22% 和 21%。

表3.3表示的是1995—2005年，渭河流域不同土地利用/覆被类型的转移矩阵。由表3.3可知，与1985—1995年一样，1995—2005年，渭河流域的土地利用/覆被类型同样是在耕地、林地和草地之间的转移程度较高。其中：

（1）耕地主要转化为低草，转移面积为 9547km²，转移百分比为 14%。

（2）林地主要转化为灌木、高草和低草，转移面积分别为 936km²、

984km² 和 900km²，转移百分比分别为 9％、9％ 和 8％。

（3）灌木主要转化成耕地、林地和低草，转移面积依次为 724km²、902km² 和 861km²，转移百分比分别为 9％、12％ 和 11％。

（4）高草主要转化为林地和低草，转移面积分别为 839km²、548km²，转移百分比分别为 15％、10％。

（5）低草主要转化为耕地，转移面积为 10451km²，转移比例为 25％。

（6）水域、城镇、农村和建设用地均是大幅度转化为耕地，其转移面积分别为：265km²、102km²、106km² 和 34km²，转移百分比依次为 66％、25％、65％和 45％。

（7）裸地主要转化为耕地和低草，转移面积分别为 33km²、42km²，转移比例分别为 24％、31％。

3.4 渭河流域土地利用/覆被类型的面积变化率

由 3.3 节可知，渭河流域的土地利用/覆被类型存在较大的转移趋势。根据式（3.1）计算出 1985—2005 年以来，渭河流域不同土地利用/覆盖类型的面积变化率，结果如图 3.7 所示。

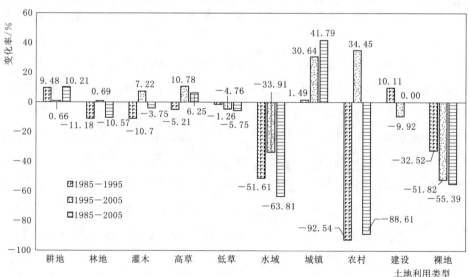

图 3.7　渭河流域不同时期土地利用/覆被类型的面积变化率

由图 3.7 可知，1985—2005 年，渭河流域的耕地、高覆盖草地和城镇用地面积总体上呈增加趋势，相对幅度分别为 10.21%、6.25% 和 41.79%。流域内林地、灌木、低草、水域、农村用地和裸地面积呈减少趋势，相对幅度分别为 −10.57%、−3.75%、−5.75%、−63.81%、−88.61% 和 −55.39%。总的来说，在 1985—2005 年，流域内的耕地、草地和城镇面积都增加了，农村、裸地、水域、林地都减少了。

3.5　渭河流域土地利用/覆被变化驱动力

由 3.2 节和 3.3 节可知，渭河流域在 1985—2005 年土地利用/覆盖类型存在一定的动态转移现象，各类土地利用/覆盖类型面积也存在一定的变化幅度，即下垫面的条件动态变化较大。

一般来说，流域下垫面的变化主要受自然因素和人类活动的影响[45]。其中，自然因素主要是通过流域内的气候、地形、坡度及自然灾害等因素影响流域内的土地利用/覆被变化及分布格局[46]。通常除了自然灾害，比如泥石流、山洪等，其他自然过程均相对较为缓慢，短期内仅能在微观上对地利用/覆被类型造成影响。相比之下，人类活动则是以人口、经济的增长，工农业的发展及相关政策法规的实施为驱动因子[46]，在相对短的时间内对流域对土地利用/覆被类型造成影响，从而改变流域下垫面的条件。

查阅相关资料并结合研究结果，可以判断人类活动的影响是渭河流域下垫面变化的主要驱动力。具体如下。

（1）耕地面积持续增加，水域及裸地面积大幅减少。20 世纪 70 年代起，流域人口的快速增长使得粮食的需求不断上涨[46]，大量的土地被开垦，兴修成为农田，导致耕地面积增加。到了 80 年代，随着土地改革"包产到户"的推行，流域内大片森林被砍伐，草地、河滩和荒地被围垦成农田（见第 2 章 2.1.5 节）。这就是在 1985—2005 年，渭河流域内的林地、灌木、草地（包括高草和低草）、水域及裸地均大量转化为耕地的主要原因（见表 3.2、表 3.3 及图 3.8）。

（2）城镇用地面积同样呈持续增加趋势，农村用地面积整体呈先锐减后微增的趋势。这是因为随着经济的发展，城市化进程的加快，城镇化率不断提高、城市外扩，城镇面积也随之增加。进入 21 世纪以来，渭河流域城镇化率已达到了 54％以上[47]。尽管统筹城乡发展和新农村建设政策的实施使得农村人口外流趋势相对减缓，但是由于城市相应的配套设施较为完善，大量的农村人口仍涌入城镇地区，导致在 1985—2005 年，农村用地面积骤降 88.61％，城镇面积显著增加了 41.79％（见图 3.8）。

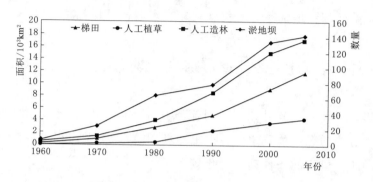

图 3.8　渭河流域在 1960—2006 年间的梯田、造林和植草的面积及淤地坝数量

（3）流域内林地、草地用地面积呈先减少后增加的趋势。这是由于渭河流域北部为黄土高原地区，水土流失严重。随着植被破坏，加之不合理的耕作制度，导致流域生态环境破坏严重。当地政府于 20 世纪 70 年代开始实施水土保持措施，20 世纪 90 年代初《水土保持法》正式生效，水土保持生态修复工程在渭河流域全面开展。图 3.8 表示的是整个渭河流域在 1960—2006 年间各类水土保持措施面积或数量的变化。由图 3.8 可知，在过去的 40 多年间，渭河流域的水土保持措施出现了明显的增加趋势。

根据表 3.3 和图 3.8 可知，1985—2005 年间梯田、淤地坝、人工植草、退耕还林等措施的实施，促进了流域内的灌木、草地、林地等的恢复。在 1995—2005 年期间，流域内的灌木、林地和高草面积的确均有所增加，增加幅度分别为 0.69％、7.22％和 10.78％。根据收集到的流域归一化差异植被指标 NDVI 数据集，绘制出渭河流域 1982—2010 年年均植被覆盖指数 NDVI 的时间变化图，结果如图 3.9 所示。由图 3.9 可知，渭河流域植被覆盖指数呈明显的增长趋势。由此可见，政策因素也是渭河流域土地利用/覆被变化的重要驱动力之一。

综上所述，人口增长、经济发展、城市化及政策因素是渭河流域土地利用/覆被变化的重要驱动力。

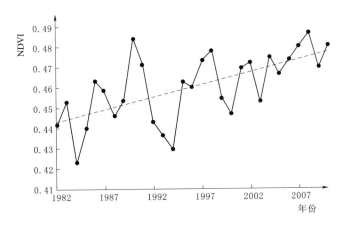

图 3.9 渭河流域 1982—2010 年年均植被覆盖指数 NDVI 的变化

3.6 本章小结

本章基于渭河流域 1985 年、1995 年及 2005 年三期土地利用类型图、1960—2006 年渭河流域水土保持措施及 1982—2010 年流域指标覆盖指数 NDVI 等数据，采用土地利用转移矩阵法及土地利用/覆被面积变化率分析了渭河流域下垫面演变特征。主要结论如下。

（1）在 1985—2005 年期间，渭河流域主要的土地利用/覆被方式是耕地、林地和草地，三者面积之和占流域总面积的 98% 以上，其总的比例变化不大，不同土地利用/覆被方式存在一定转移现象。

（2）在 1985—2005 年期间，渭河流域土地利用/覆被类型中耕地、林地和草地之间的转移程度较高，水域、城镇、农村和建设用地均是大幅度转化为耕地，耕地、高覆盖草地和城镇面积均呈增加趋势，林地、灌木、低草、水域、农村用地和裸地面积均呈减少趋势。

（3）人口增长、社会经济发展、城市化及政策因素是渭河流域土地利用/覆被变化重要的驱动力，影响着流域地利用/覆被类型及分布格局，改变了流域下垫面的条件。

第4章 渭河流域气象水文要素变化特征及非一致性研究

本章拟对渭河流域气象水文要素（年平均气温、年降水量以及年径流量）的基本特征及非一致性展开分析，为开展渭河流域极端气象水文序列的非一致性研究奠定基础。

根据渭河流域五个水文站所处的位置及控制面积，将渭河流域进行子流域划分，结果如图 4.1 所示。其中，林家村以上区域为渭河流域上游，林家村—咸阳段区域为渭河流域中游，咸阳—华县段区域为渭河流域下游。此外，张家山和洑头分别为泾河流域和北洛河流域的控制断面。

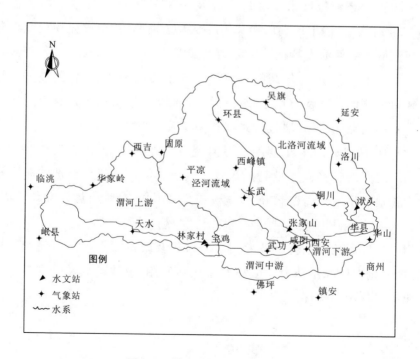

图 4.1　渭河流域及子流域划分

　　首先，分析各个子区域及整个渭河的降水和气温变化规律；然后，研究五个主要水文站点的年径流演变规律。研究数据包括：渭河流域五个水文站 1960—2010 年的年、月径流数据，21 个气象站点 1960—2010 年平均气温数据和年降水量数据。

4.1　研究方法

　　本章采用线性回归法、趋势检验法、R/S 分析法、小波分析法以及启发式分割法，分析渭河流域 1960—2010 年期间年平均气温、年降水量以及年径流量的时空变化规律。

4.1.1　线性回归法

　　线性回归法是基于数理统计中回归分析原理，建立两种变量之间相互依赖的一种定量关系。在水文时间序列分析中，通过建立水文序列与时间序列的线性回归方程，可以判断出水文序列随时间的变化趋势。这种方法不仅运用简便，而且可以直观地判断出水文序列随时间呈递增或递减的趋势。其方程式为

$$y_i = kt + b \tag{4.1}$$

式中：y_i 为水文序列；t 为时间或时序；b 为截距；k 为斜率。

　　斜率 k 值的大小能够反映出水文序列随时间变化的程度。若 $k < 0$，则水文序列随时间呈下降趋势；若 $k = 0$，则水文序列随时间无变化；若 $k > 0$，则水文序列随时间呈上升趋势。

4.1.2　MMK 趋势检验法

　　Mann - Kendall（MK）趋势检验法是世界气象组织（WMO）推荐使用的一种常见的非参数趋势检验方法[48-49]。该方法已经广泛地运用到了气温、降水和径流等气象水文要素时间序列的趋势检验中。尽管如此，MK趋势检验存在一个显著的缺点，即检验结果容易受到水文气象要素时间序列自身相关性的影响。为了克服时间序列自相关性带来的影响，Hamed 和 Rao 改进了 MK 趋势检验法，提出了改进的 MK 检验法，即 MMK 检验

法[50]。本书采用 MMK 趋势检验法分析气象水文要素的变化趋势。MMK 方法的原理简述如下。

对于一个具有 n 个观测值的时间序列 $X = \{x_1, x_2, \cdots, x_n\}$，其 MK 趋势检验统计量 S 计算如下所示：

$$S = \sum_{k<j} \text{sgn}(x_j - x_k) \tag{4.2}$$

其中：

$$\text{sgn}(x_j - x_k) = \begin{cases} 1, x_j > x_k \\ 0, x_j = x_k \\ -1, x_j < x_k \end{cases} \tag{4.3}$$

式中：x_j、x_k 分别为 j、k 相应的实测值，且 $j > k$。

S 的方差值为

$$\text{Var}_0(S) = \frac{n(n-1)(2n+5)}{18} \tag{4.4}$$

考虑到时间序列自相关的影响，MMK 趋势检验的 $\text{Var}_1(S)$ 计算公式为

$$\text{Var}_1(S) = \text{Var}_0(S)$$

$$\left[1 + \frac{2}{n(n-1)(n-2)} \sum_{i=1}^{n-1} (n-1)(n-i-1)(n-i-2)\rho_S(i) \right] \tag{4.5}$$

式中：$\text{Var}_1(S)$ 和 $\text{Var}_0(S)$ 分别为 MMK 和 MK 趋势检验中 S 的方差值；$\rho_S(i)$ 为滞时为 i 时的自相关系数。

构造趋势检验的统计量 Z，表示如下：

$$Z = \frac{S}{\sqrt{\text{Var}(S)}} \tag{4.6}$$

当时间序列长度 n 大于 10 时，统计量 Z 近似服从标准正态分布。若 $Z > 0$，则该时间序列存在上升趋势；若 $Z < 0$，则该序列存在下降趋势。在给定置信水平 $1 - \alpha$ 条件下，若 $|Z| > Z_{\alpha/2}$，则该序列呈显著上升或下降趋势。若

取 $\alpha = 5\%$，则临界值为 ± 1.96；若取 $\alpha = 1\%$，则临界值为 ± 2.54。

4.1.3 R/S分析法

变标度极差分析法（rescaled range analysis）即 R/S 分析法，最早是由英国科学家 H. E. Hurst 在研究尼罗河多年水文观测资料时提出的一种新的统计方法[36]。本书通过计算 Hurst 指数分析渭河流域气象水文时间序列状态的持续性。R/S 分析法的基本做法如下。

考虑一个时间序列 $\{\xi(t)\}$，$t = 1, 2, \cdots, n$，对于任意正整数 $\tau \geqslant 1$，可定义下列统计量：

均值序列：
$$(\xi)_\tau = \frac{1}{\tau} \sum_{t=1}^{\tau} \xi(t), \quad \tau = 1, 2, \cdots n \tag{4.7}$$

累计离差：
$$x(t, \tau) = \sum_{u=1}^{t} [\xi(u) - (\xi)_\tau], \quad 1 \leqslant t \leqslant \tau \tag{4.8}$$

极差：
$$R(\tau) = \max_{1 \leqslant t \leqslant \tau} x(t, \tau) - \min_{1 \leqslant t \leqslant \tau} x(t, \tau), \quad \tau = 1, 2, \cdots, n \tag{4.9}$$

标准差：
$$S(\tau) = \left\{ \frac{1}{\tau} \sum_{t=1}^{\tau} [\xi(t) - (\xi)_\tau]^2 \right\}^{1/2}, \quad \tau = 1, 2, \cdots, n \tag{4.10}$$

研究表明比值 $R(\tau) = S(\tau) = R/S$ 存在如下关系：

$$R/S \propto \tau^H \tag{4.11}$$

H 称为 Hurst 指数，通过取式（4.11）的对数，得到：

$$\ln(R/S) = H \ln \tau \tag{4.12}$$

这样 H 值可根据计算出的 $(\tau R/S)$ 的值，在横轴为 $\ln \tau$，纵轴为 $\ln R/S$ 的双对数坐标系中用最小二乘法拟合得到。对于不同的 Hurst 指数存在如下情况。

（1）当 $H = 0.5$ 时，为一般的布朗运动，时间序列完全独立，变化随机。

（2）当 $0.5 < H < 1$ 时，表明时间序列具有长期相关的特征，未来的变化将继承过去的总体趋势，变化具有持续性，H 越接近于 0，持续性越强。

（3）当 $0 < H < 0.5$ 时，表明时间序列具有长期相关的特征，但将来的总体趋势与过去相反，过程具有反持续性，H 越接近于 0，反持续性越强[37]。

4.1.4　小波分析法

为了分析渭河流域气象水文要素时间序列的周期，本书采用的是小波分析法。小波分析是一种将水文序列和时间之间的关系小波变换为水文序列频数和时间之间的关系，用序列的频域描述代替时域描述的一种转化手段，将不同频率的振动依照方差贡献大小再次进行分解处理，选取主频，最后通过分析周期和频率之间的关系变化得到序列的周期变化情况。

墨西哥帽状小波为

$$\psi(t) = (1 - t^2)\frac{1}{\sqrt{2\pi}}e^{\frac{t^2}{2}}, \quad -\infty < t < \infty \tag{4.13}$$

函数 $f(t)$ 小波变换的连续形式为

$$\omega_f(a,b) = \mid a \mid^{-\frac{1}{2}}\int_R f(t)\overline{\psi}\left(\frac{t-b}{a}\right)dt \tag{4.14}$$

函数 $f(t)$ 的离散形式为

$$\omega_f(a,b) = \mid a \mid^{-\frac{1}{2}}\Delta t\sum_{i=t}^n f(i\Delta t)\psi\left(\frac{i\Delta t - b}{a}\right) \tag{4.15}$$

式中：$f(t)$ 为径流序列与时间的关系函数。在实际问题中，径流-时间的关系函数通常为离散的点，在长时间序列中，可以在宏观上认为径流是时间的连续函数。

4.1.5　启发式分割法

启发式分割（heuristic segment，HS）法将非平稳时间序列的均值变异诊断视为一个分割问题，确定各子序列之间平均值最大差值的位置，并检验该位置前后子序列均值差异的显著性。HS 方法概念明确，定量判断有据可依，而且与传统的滑动 T 检验、滑动 F 检验和 Mann - Kendall 秩和检验相比，能够有效地识别非线性时间序列中的变异点[39]。HS 方法原理如下。

对于一个具有 n 个观测值的时间序列 $X = \{x_1, x_2, \cdots, x_n\}$，用一个分割点 i 从左至右依次对 X 进行分割，分别计算分割点 i 左右两侧的均值和标准差：$\overline{x}_1$，$\overline{x}_2$ 和 s_1，s_2。

为了量化这两个系列的均值之间的差异，构造一个 T 检验统计量如下。

$$T(i) = \left| \frac{\overline{x_1} - \overline{x_2}}{s(i)} \right| \tag{4.16}$$

式中：

$$s(i) = \sqrt{\frac{(n_1-1)s_1 + (n_2-1)s_2}{n_1+n_2-2}\left(\frac{1}{n_1}+\frac{1}{n_2}\right)} \tag{4.17}$$

式中：$s(i)$ 为合并偏差；n_1 和 n_2 分别为左右两侧子序列的长度。

若统计量 $T(t)$ 的值越大，则时间点 t 前后两子序列的均值差异越大。重复上述过程，$T(t)$ 中的最大值 t_{max} 对应的统计显著量 $P(t_{max})$ 计算如下。

$$P(t_{max}) \approx \{1 - I_{\left[v/(v+t_{max}^2)\right]}(\delta v, \delta)\}^{\eta} \tag{4.18}$$

式中：$I_x(a, b)$ 为不完整的 β 函数；其他变量均为通过蒙特卡洛模拟得的经验公式：$\eta = 4.19\ln N - 11.54$，$\delta = 0.40$，$v = n - 2$。

当使用 HS 法时，预先设定一个临界值 P_0（取值范围为 0.5～0.95）。当统计显著量 $P(t_{max}) < P_0$ 时，则该序列不存在变异点并且停止分割。反之，当 $P(t_{max}) \geqslant P_0$ 时，则该点为时间序列 X 的一个变异点。在此变异点，将 X 序列分为前后两个均值差异较大的子序列。对得到的新的子序列不断进行分割，并重复以上步骤，直到分割的子序列长度小于给定的最小分割长度 l_0（$l_0 \geqslant 25$）或不再有新的变异点时停止分割。

4.2 渭河流域气温变化及一致性研究

4.2.1 空间变化特征

根据渭河流域 21 个气象站点 51 年（1960—2010 年）长时间序列多年平均气温数据，借助 Arcgis 工具平台，采用反距离权重法绘制渭河流域多年平均气温空间分布图，结果如图 4.2 所示。

由图 4.2 可知，渭河流域 1960—2010 年平均气温变化范围在 3.7～

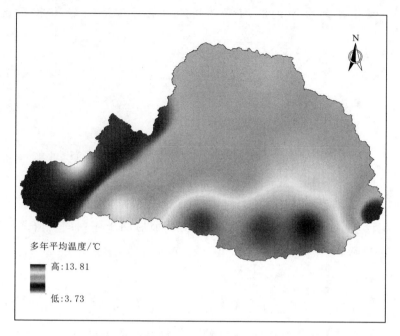

图 4.2　渭河流域多年平均气温空间分布

13.8℃，空间分布不均匀。在东西方向上，流域西部气温往往较低，气温自西向东逐渐升高；在南北方向上，流域北部气温往往较低，气温自北向南逐渐升高。

　　流域多年平均气温空间上由西北向东南逐渐增加。流域西北部和东南部地区属于气温低值区，多年平均气温在 5℃ 以下。这是因为这些地方大多属于山区地带，海拔较高，气温较低。流域西南部地区属于气温高值区，多年平均气温均在 13℃ 以上，可能是由区域尺度的城市化热岛效应引起。此外，流域气温高值区是以宝鸡、武功和西安站为中心，向外辐射并逐渐减小。

4.2.2　年际变化特征

　　首先，绘制出渭河流域 5 个子区域和整个渭河流域 1960—2010 年年平均气温时间变化过程线，结果如图 4.3 所示。

　　其次，采用 MMK 趋势检验法，对渭河 5 个子流域和整个流域年平均气温时间序列进行趋势检验，结果见表 4.1。

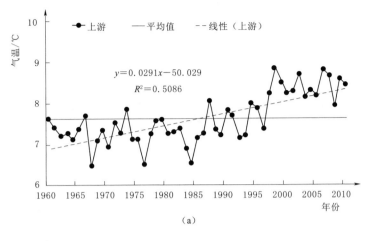

（a）

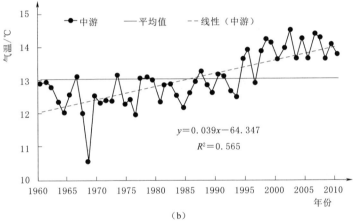

（b）

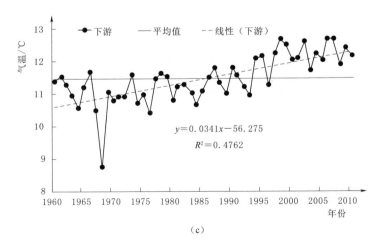

（c）

图 4.3（一） 渭河流域及其子流域年平均气温时间序列图

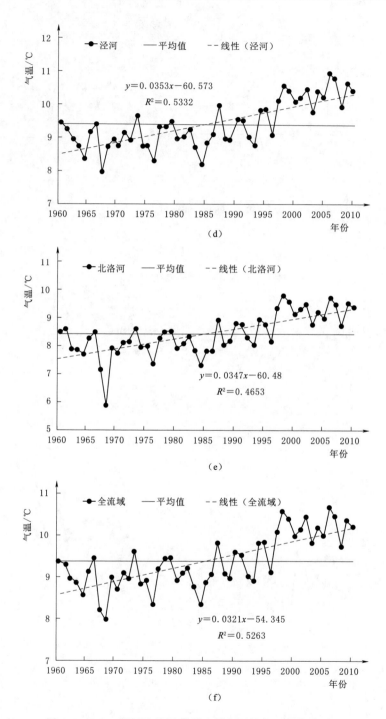

图 4.3（二）　渭河流域及其子流域年平均气温时间序列图

表4.1　　　渭河流域及其子流域年平均气温 MMK 趋势检验结果

流域	MMK 趋势统计值	趋势性
上游	**4.92**	显著性上升
中游	**5.55**	显著性上升
下游	**5.30**	显著性上升
泾河	**5.15**	显著性上升
北洛河	**5.07**	显著性上升
整个渭河流域	**5.09**	显著性上升

注　粗体字表示通过置信水平99%的检验。

由图4.3和表4.1可知,渭河流域及其子流域年平均气温线性趋势都呈上升趋势,MMK 趋势统计值均大于0,且都通过了99%的显著性水平检验,表明渭河流域及其子流域的年平均气温都呈显著上升趋势。因此,渭河流域存在区域气候变暖的趋势。

4.2.3　周期变化特征

采用小波分析法对渭河5个子流域和整个流域年平均气温时间序列的周期进行了分析,结果见表4.2。由表4.2可知,渭河流域及其子流域的平均气温均存有16年的中周期和26年的长周期,均不存在短周期。

表4.2　　　渭河流域及其子流域年平均气温序列小波分周期分析表

流域	周期/年	
上游	26	16
中游	25	16
下游	26	16
泾河	26	17
北洛河	26	16
整个渭河流域	26	16

4.2.4　持续性变化特征

采用 R/S 分析法分析了渭河 5 个子流域和整个流域年平均气温时间序列的持续性，结果见表 4.3。由表 4.3 可知，渭河流域及其子流域平均气温序列的 Hurst 值均处于 0.7～1.0 之间，表明气温序列存在长程相关性，也就是过去过程存在正的持续性。这说明渭河流域及其子流域平均气温在未来还会上升，且当 Hurst 值越接近于 1 时，正持续性会越强。

表 4.3　渭河流域及其子流域年平均气温序列持续性分析表

流域	Hurst 值	持续性
上游	0.82	正
中游	0.82	正
下游	0.86	正
泾河	0.77	正
北洛河	0.78	正
整个渭河流域	0.77	正

4.2.5　非一致性研究

采用 HS 法，对渭河流域及其子流域的年平均气温时间序列进行变异点识别，阈值 P_0 和最小分割长度 l_0 分别取值为 0.95 和 25。以整个渭河流域年平均气温变异点诊断结果说明变异点识别过程，结果如图 4.4 所示。

图 4.4 中三角形标注的实线表示的是渭河流域年平均气温第一次变异点识别过程，最大统计量值 t_{max} 出现在 1996 年，对应的统计显著量 $P(t_{max})=1>P_0=0.95$，所以 1996 年是渭河流域年平均气温序列中的第一个变异点。由于分割出来左侧的子序列长度 $>l_0=25$，所以进行第二次迭代分割过程。图 4.4 中的正方形标注的实线表示第二次迭代和分割过程。第二次的最大值 t_{max} 出现在 1986 年，对应的统计显著量 $P(t_{max})=0.9508>P_0=0.95$，所以 1986 年是渭河流域年平均气温的第二个变异点。由于第二次分割得到的子序列长度小于 l_0，故分割过程结束。因此，1986 年和 1996 年就是渭河流域年平均气温时间序列的变异点。

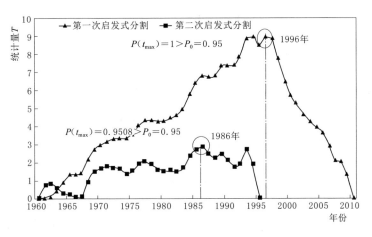

图 4.4 渭河流域年平均气温变异点诊断结果

同理，采用 HS 法，对渭河 5 个子流域的年平均气温变异点进行识别，结果见表 4.4。

表 4.4　　　　渭河流域及其子流域年平均气温变异点诊断结果

流域	t_{max} 出现的年份	对应的 $P(t_{max})$	与阈值 $P_0 = 0.95$ 相比	变异点
上游	1986 年	0.95	>	1986 年
	1996 年	1	>	1996 年
中游	1978 年	0.90	<	无
	1994 年	1	>	1994 年
下游	1989 年	0.85	<	无
	1993 年	1	>	1993 年
泾河	1993 年	0.94	<	无
	1996 年	1	>	1996 年
北洛河	1986 年	0.94	<	无
	1996 年	1	<	1996 年
整个渭河流域	1986 年	0.96	>	1986 年
	1996 年	1	>	1996 年

由表 4.4 可知，渭河 5 个子流域年平均气温时间序列均出现了变异点，且变异点大都出现在 1986 年和 1996 年左右。由此可见，渭河流域年平均

气温时间序列的一致性假设遭到了破坏。

4.2.6　代际变化特征

根据渭河流域及其子流域的年平均气温时间序列，统计了各个区域不同年代气温均值较多年平均气温的变化量，结果如图 4.5 所示。

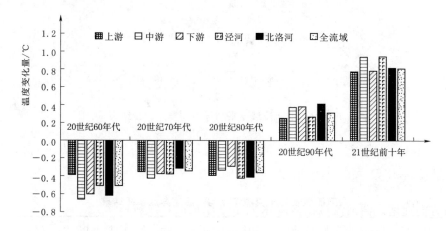

图 4.5　渭河流域及其子流域各年代平均气温较多年平均气温的变化量

同时，统计各个区域不同年代平均气温较多年平均气温的变化幅度，结果见表 4.5。结合图 4.5 和表 4.5 可知，渭河流域及其子流域在 20 世纪 60—80 年代的平均气温值虽然较多年平均气温要小，但是这种差距在不断地缩小，说明气温在这个时期开始呈现上升趋势；而 20 世纪 90 年代和 21 世纪前十年的平均气温值较多年平均气温要大，而且这种差距越来越大，说明气温在这两个时期急剧上升。其中，20 世纪 90 年代中游地区气温上升最为显著，21 世纪前十年中游地区和泾河流域气温上升最为显著。

表 4.5　渭河流域及其子流域不同年代平均气温较多年平均气温的变化幅度　　　　%

时期	上游	中游	下游	泾河	北洛河	整个渭河流域
20 世纪 60 年代	−4.88	−5.01	−5.13	−5.36	−7.27	−5.31
20 世纪 70 年代	−4.55	−3.23	−3.20	−3.93	−3.55	−3.51
20 世纪 80 年代	−5.00	−2.49	−2.47	−4.41	−4.77	−3.88

时期	上游	中游	下游	泾河	北洛河	整个渭河流域
20 世纪 90 年代	3.24	2.84	3.32	2.74	4.91	3.28
21 世纪前十年	10.17	7.17	6.80	9.96	9.71	8.56

4.3 渭河流域降水变化及一致性研究

4.3.1 空间变化特征

根据渭河流域 21 个气象站点 51 年（1960—2010 年）长时间序列多年平均降水量数据，借助 Arcgis 工具平台，采用反距离权重法绘制渭河流域年降水量空间分布图，结果如图 4.6 所示。由图 4.6 可知，渭河流域 1960—2010 年间降水量变化范围在 406～850mm，空间分布不均匀，降水量由西北向东南方向递增。渭河流域山区降水大于平原地区，流域以南、秦岭以北降水量较大，属于降水高值地区，多年平均年降水量在 650mm 以上；关中平原地区年降水量在 500～700mm 之间变化。渭河流域干流上游地区以及泾河北洛河流域中上游地区都属于降水低值区，年降水量在 500mm 以下。

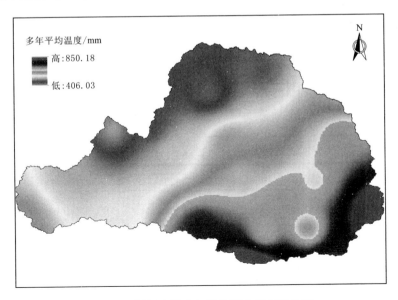

图 4.6 渭河流域多年平均降水量空间分布

4.3.2　丰枯变化特征

统计分析了渭河流域及其子流域不同频率年降水量的取值区间及出现年数,结果见表 4.6。由表 4.6 可知,渭河及其子流域年降水特丰、特枯水年出现的概率分别在 6%～10% 和 6%～8%;丰、枯水年出现的概率均值都在 13% 左右;平水年在 51%～65%,出现的概率最大。

表 4.6　渭河流域及其子流域年降水丰枯变化

丰枯年分类		上游	中游	下游	泾河	北洛河	整个渭河流域
特丰年 (<10%)	年降水量/mm	>632	>828	>784	>662	>705	>687
	次数	4	5	3	5	5	5
	频率/%	7.8	9.8	5.9	9.8	9.8	9.8
丰水年 (10%～25%)	降水/mm	632～562	828～720	784～689	662～581	705～628	687～610
	次数	8	4	9	6	6	7
	频率/%	15.7	7.8	17.6	11.8	11.8	13.7
平水年 (25%～75%)	降水/mm	562～428	720～520	689～520	581～438	628～486	610～472
	次数	26	33	30	28	31	31
	频率/%	51.0	64.7	58.8	54.9	60.8	60.8
枯水年 (75%～90%)	降水/mm	428～378	520～447	520～460	438～390	486～435	472～425
	次数	9	6	5	8	5	5
	频率/%	17.6	11.8	9.8	15.7	9.8	9.8
特枯年 (>90%)	降水/mm	<378	<447	<460	<390	<435	<425
	次数	4	3	4	4	4	3
	频率/%	7.8	5.9	7.8	7.8	7.8	5.9

4.3.3　年际变化特征

首先绘制出渭河 5 个子流域和整个流域 1960—2010 年年降水量时间变化过程线,结果如图 4.7 所示。

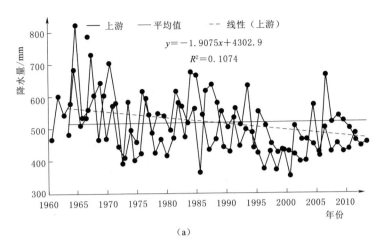

（a）

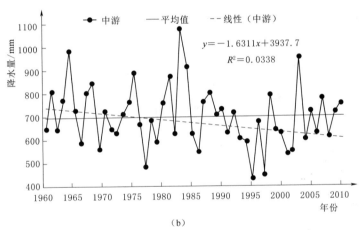

（b）

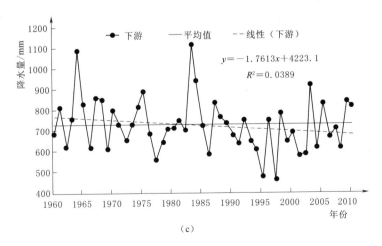

（c）

图 4.7（一） 渭河流域及其子流域年降水时间序列

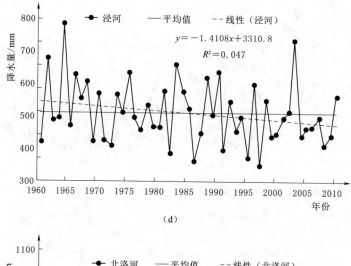

(d)

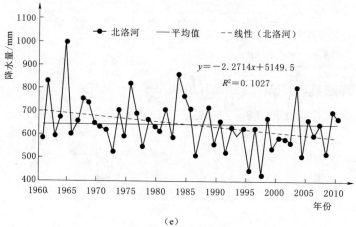

(e)

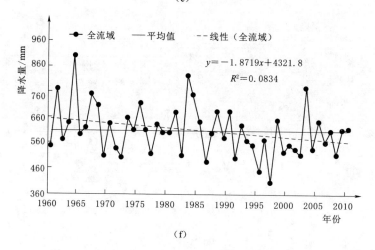

(f)

图 4.7（二）　渭河流域及其子流域年降水时间序列

同时，采用MMK趋势检验法，对渭河流域及其子流域的年降水量序列进行趋势检验，结果见表4.7。

表4.7　　　　渭河流域及其子流域年降水量序列的趋势检验结果

流域	MMK趋势统计值	趋势性
上游	**−2.16**	显著性减少
中游	−1.46	不显著性减少
下游	−1.32	不显著性减少
泾河	−1.51	不显著性减少
北洛河	**−2.05**	显著性减少
整个渭河流域	−1.80	不显著性减少

注　粗体字表示通过置信水平95%的检验。

由图4.7和表4.7可知，渭河流域及其子流域年降水量序列的线性趋势都呈下降趋势，MMK趋势统计值均小于0。其中，渭河上游区域和北洛河区域年降水趋势检验通过95%显著性水平检验，表明上游区域和北洛河区域年降水量呈显著性减少趋势。由此可见，渭河流域整体呈不显著变干趋势。

4.3.4　周期变化特征

采用小波分析法对渭河5个子流域和整个流域年降水量序列的周期进行了分析，结果见表4.8。由表4.8可知，整体上，渭河流域及其子流域的年降水量序列周期较为一致，均值存在4年、16年和27年左右的短中长周期。

表4.8　　　　渭河流域及其子流域年降水序列小波分周期分析表

流域	周期/年		
	短	中	长
上游	4	16	26
中游	4	16	27
下游	4	16	26

流域	周期/年		
	短	中	长
泾河	4	15	26
北洛河	4	15	27
整个渭河流域	4	16	27

4.3.5　持续性变化特征

采用 R/S 分析法分析了渭河 5 个子流域和整个流域年降水量时间序列的持续性，结果见表 4.9。

表 4.9　　　　　　　　**渭河流域及其子流域年降水序列持续性分析表**

流域	Hurst 值	持续性
上游	0.68	正
中游	0.65	正
下游	0.72	正
泾河	0.64	正
北洛河	0.62	正
整个渭河流域	0.67	正

由表 4.9 可知，渭河流域及其子流域平均气温序列的 Hurst 值都处于 0.60～1.0 之间，表明年降水个序列存在长程相关性，也就是过程存在正的持续性。这说明渭河流域及其子流域未来年降水量将会延续现阶段的减少趋势，且当 Hurst 值越接近于 1 时，正持续性会越强。

4.3.6　非一致性研究

采用 HS 法对渭河流域及其子流域的年降水时间序列进行变异点识别，阈值 P_0 和最小分割长度 l_0 分别取值为 0.95 和 25。结果如图 4.8 所示。

渭河流域及其子流域年降水时间序列的变异点诊断结果见表 4.10。由图 4.8 和表 4.10 可知，渭河 5 个子流域和整个流域年降水量均未出现变异点，仍然满足一致性假设。

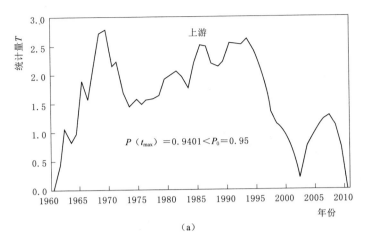

（a）

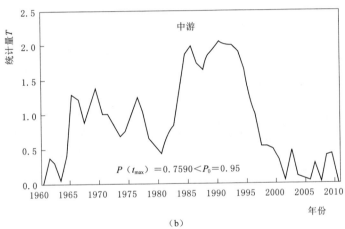

（b）

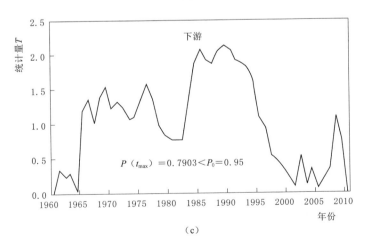

（c）

图 4.8（一）　渭河流域及其子流域年降水序列变异点诊断

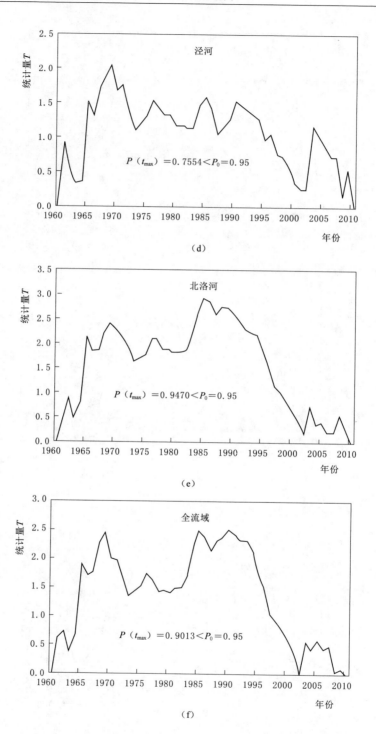

图 4.8（二）　渭河流域及其子流域年降水序列变异点诊断

表 4.10　　　　　　　渭河流域及其子流域年降水序列变异点诊断结果

流域	t_{max}出现的时间	对应的 $P(t_{max})$	与阈值 $P_0 = 0.95$ 相比	变异点
上游	1969	0.9401	<	无
中游	1990	0.7590	<	无
下游	1989	0.7903	<	无
泾河	1969	0.7554	<	无
北洛河	1985	0.9470	<	无
整个渭河流域	1990	0.9013	<	无

4.3.7　代际变化特征

渭河流域及其子流域各年代年均降水量较多年平均降水量的变化量如图 4.9 所示。从整体来看，渭河流域 20 世纪 60 年代和 20 世纪 80 年代降水量较丰沛，而 20 世纪 70 年代、20 世纪 90 年代和 21 世纪前十年降水量都比较少。其中 20 世纪 60 年代北洛河和全流域变化幅度最为显著，20 世纪 70 年代中游地区变化幅度最为明显，20 世纪 80 年代、20 世纪 90 年代和 21 世纪前十年中游和下游的变化幅度最为显著。

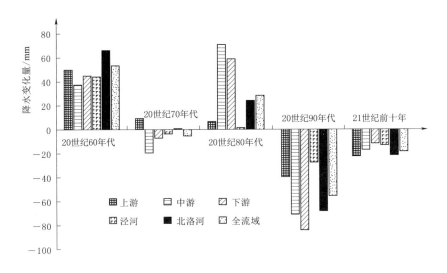

图 4.9　渭河流域及其子流域各年代降水量均值较多年平均降水量的变化量

同时，统计渭河流域各个区域不同年代年均降水量较多年平均降水量的变化幅度，结果见表 4.11。

表 4.11　　　渭河流域及其子流域不同年代降水量均值较多年平均
降水量的变化幅度　　　　　　　　　%

时　期	上　游	中　游	下　游	泾河	北洛河	整个渭河流域
20 世纪 60 年代	9.66	5.41	6.18	8.77	10.34	8.77
20 世纪 70 年代	1.71	−2.80	−0.94	−0.74	0.04	−0.94
20 世纪 80 年代	1.20	10.18	8.10	0.27	3.83	4.70
20 世纪 90 年代	−7.64	−10.21	−11.62	−5.42	−10.61	−9.13
21 世纪前十年	−4.48	−2.34	−1.56	−2.62	−3.27	−3.09

结合图 4.9 和表 4.11，以渭河全流域为例说明年降水量代际变化。20世纪 60 年代降水量较多年平均降水量多了 50mm 以上，变化幅度达到了8.77%；20 世纪 70 年代降水较多年平均降水量呈减少趋势，但是减小幅度不大，仅为−0.94%；20 世纪 80 年代降水量较多年平均降水增加了25mm 以上，变化幅度为 4.70%；20 世纪 90 年代降水量较多年平均降水量减少了 55mm 以上，变化幅度为−9.13%；21 世纪前十年降水量仍然较多年平均降水量少了 18mm 以上，变化幅度为−3.09%。由此可见，渭河流域年降水量在过去几十年间不断波动，经历了丰—平—丰—枯—枯的状态。

4.4　渭河流域径流变化及一致性研究

4.4.1　年内分配特征

根据渭河流域 5 个水文站 1960—2010 年的月径流数据，在多年平均尺度上统计了年径流量在各月份的分配特征，结果见图 4.10 和表 4.12。由图4.10 可知，渭河流域各水文站径流年内变化特征相似，年内分配不均，主要集中在汛期（7—10 月），占全年径流量的 50% 以上。

表 4.12 表示的多年尺度上流域径流量的季节分配特征。

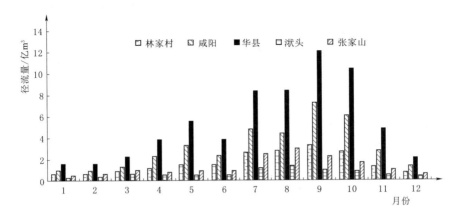

图 4.10　渭河流域 5 个水文站年内月径流量分配

表 4.12　　　　　　　　渭河流域 5 个水文站年内季节径流量分配

水文站	统计值	春季	夏季	秋季	冬季
林家村	径流量/亿 m³	3.6	6.8	7.3	2
	百分比/%	18.25	34.65	36.96	10.15
咸阳	径流量/亿 m³	6.9	11.6	16.1	3.3
	百分比/%	18.20	30.57	42.51	8.72
华县	径流量/亿 m³	11.6	20.6	27.3	5.2
	百分比/%	17.91	31.82	42.21	8.06
张家山	径流量/亿 m³	2.2	6	5.2	1
	百分比/%	15.28	41.67	36.11	6.94
湺头	径流量/亿 m³	1.71	3	2.47	1.06
	百分比/%	20.70	36.46	29.93	12.91

　　由表 4.12 可知，渭河流域径流量主要集中在夏秋两季。各站夏秋两季的径流量可达到全年的 65% 以上。春季径流量略大于冬季，一般都在 15% 以上。冬季径流量最小，大都在 10% 左右及以下。

4.4.2　丰枯变化特征

　　统计分析渭河流域 5 个水文站点不同频率年径流量的取值区间及出现

年数，结果见表 4.13。由表 4.13 可知，特丰、特枯水年出现的概率在 10% 以下；丰、枯水年在 20% 左右；平水年 50% 左右，出现概率最大。

表 4.13　　　　　　　　渭河流域 5 个水文站年径流丰枯比例

丰枯年分类		林家村	咸阳	华县	张家山	湫头
特丰年 （<10%）	径流量范围 /亿 m³	>34.85	>73.4	>118.1	>23.62	>12.95
	发生次数	4	3	3	2	2
	出现频率	0.08	0.06	0.06	0.04	0.04
丰水年 （10%~25%）	径流量范围 /亿 m³	34.85~24	73.4~53.9	118~86.6	23.6~17	12.95~10.14
	发生次数	13	8	8	10	8
	出现频率	0.25	0.16	0.16	0.2	0.16
平水年 （25%~75%）	径流量范围 /亿 m³	24.0~7.4	53.9~21.9	86.67~40.55	17.65~8.78	10.14~6.21
	发生次数	30	24	26	23	25
	出现频率	0.59	0.47	0.51	0.45	0.49
枯水年 （75%~90%）	径流量范围 /亿 m³	7.44~2.89	21.9~11.9	40.55~28.82	8.78~6.47	6.21~5.3
	发生次数	2	11	12	13	10
	出现频率	0.04	0.22	0.24	0.25	0.2
特枯年 （>90%）	径流量范围 /亿 m³	<2.89	<11.9	<28.82	<6.47	<5.3
	发生次数	3	5	2	3	6
	出现频率	0.06	0.1	0.04	0.06	0.12

4.4.3　年际变化特征

首先，绘制出渭河流域 5 个主要水文站 1960—2010 年年径流量时间变化过程线，结果如图 4.11 所示。

其次，采用 MMK 趋势检验法，对 5 个主要水文站 1960—2010 年年径流量序列进行趋势检验，结果见表 4.14。由图 4.11 和表 4.14 可知，渭河流域 5 个主要水文站年径流量线性趋势都呈下降趋势，MMK 趋势统计值均小于 0，且均通过了 99% 的显著性水平检验，表明渭河流域 5 个主要水文站年径流量为显著下降趋势。

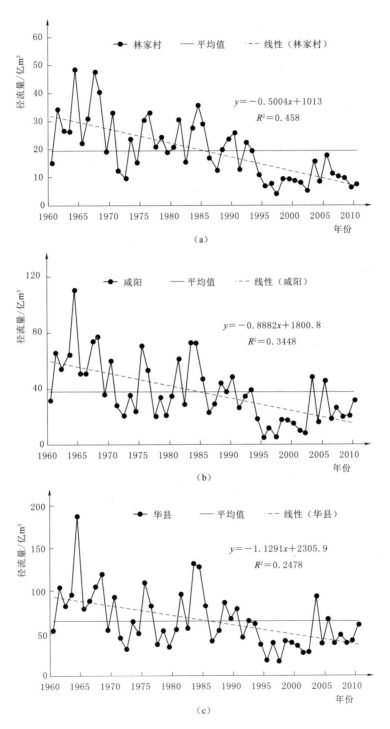

图 4.11（一） 渭河流域 5 个水文站年径流量时间序列

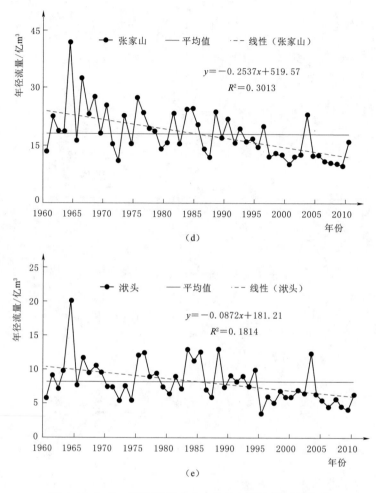

图 4.11（二）　渭河流域 5 个水文站年径流量时间序列

表 4.14　　　　渭河流域 5 个水文站年径流量趋势检验结果

水文站	MMK 趋势统计值	趋势性
林家村	**−5.26**	显著性减少
咸阳	**−4.30**	显著性减少
华县	**−3.56**	显著性减少
张家山	**−4.26**	显著性减少
洑头	**−3.48**	显著性减少

注　粗体字表示通过置信水平 99％的检验。

4.4.4　周期变化特征

采用小波变换分析法对渭河流域 5 个水文站年径流序列的周期性进行了分析，结果见表 4.15 和图 4.12。从小波变换方差图中可以看出，干流各水文站均有近似 16～18 年的周期，一致性较强，各子流域年径流短周期区别较为明显，其中张家山、湫头站年径流序列均存在 24～25 年左右长周期。

表 4.15　　　　　　渭河流域 5 个水文站年径流序列周期表

水文站	周期/年		
林家村		18	6
咸阳		17	6
华县		16	8
张家山	24		2
湫头	25	16	

4.4.5　持续性变化特征

采用 R/S 分析法分析了渭河 5 个水文站年径流序列的持续性，结果见表 4.16。由表 4.16 可知，渭河流域 5 个水文站年径流序列的 Hurst 值均大于 0.6，表明径流减少的持续性强，在未来将继续保持径流减少的趋势，其中林家村站径流 Hurst 值最大，径流减少趋势的持续性最强。

表 4.16　　　　　　渭河流域 5 个水文站年径流持续性分析表

水文站	Hurst 指数值	持续性
林家村	0.90	正
咸阳	0.86	正
华县	0.80	正
张家山	0.77	正
湫头	0.68	正

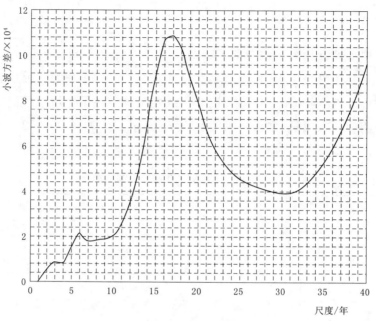

（a）林家村年径流小波变换方差图

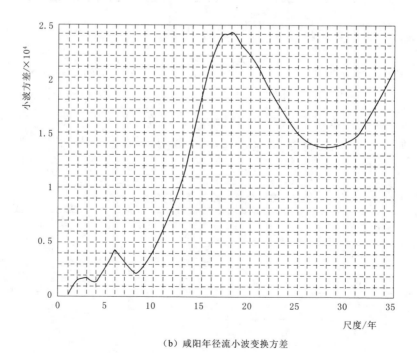

（b）咸阳年径流小波变换方差

图 4.12（一）　渭河流域 5 个水文站年径流序列小波变换分析

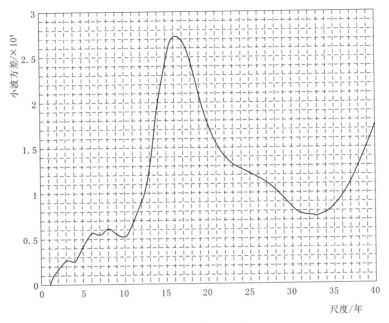

（c）华县年径流小波变换方差图

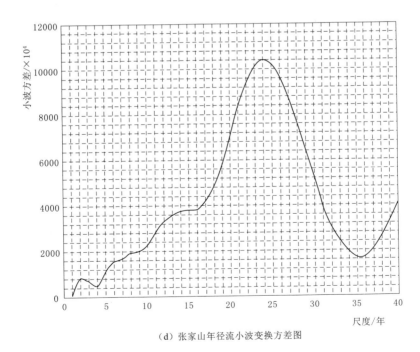

（d）张家山年径流小波变换方差图

图 4.12（二）　渭河流域 5 个水文站年径流序列小波变换分析

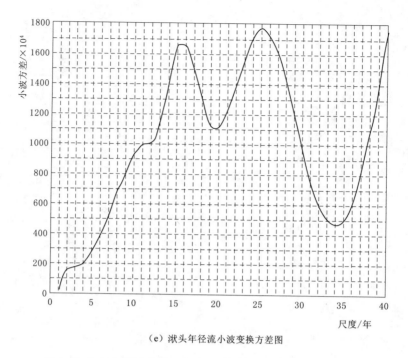

（e）洑头年径流小波变换方差图

图 4.12（三）　渭河流域 5 个水文站年径流序列小波变换分析

4.4.6　非一致性研究

采用 HS 法，对渭河流域及其子流域的年降水量序列进行变异点识别，阈值 P_0 和最小分割长度 l_0 分别取值为 0.95 和 25。以林家村站年径流诊断结果来说明变异点识别过程，结果如图 4.13 所示。

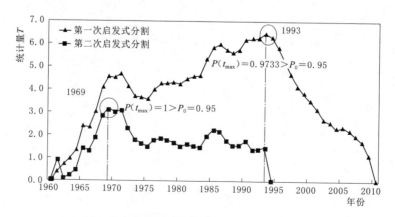

图 4.13　林家村站年径流量变异点诊断结果

图 4.13 中三角形标注的实线表示的是林家村站年径流量第一次变异点识别过程，最大统计量值 t_{max} 出现在 1993 年，对应的统计显著量 $P(t_{max})=0.9733>P_0=0.95$，所以 1993 年是渭河流域年平均气温序列中的第一个变异点。由于分割出来左侧的子序列长度 $>l_0=25$，所以进行第二次迭代分割过程。图 4.12 中的十字标注的实线表示第二次迭代和分割过程。第二次的最大值 t_{max} 出现在 1969 年，对应的统计显著量 $P(t_{max})=1>P_0=0.95$，所以 1969 年是林家村站年径流量的第二个变异点。由于第二次分割得到的子序列长度小于 l_0，因此分割过程结束。综上所述，1969 年和 1993 年就是林家村站年径流时间序列的变异点。

同理，采用 HS 法对渭河流域其他水文站年径流量的变异点进行识别，结果见表 4.17。由表 4.17 可知，渭河流域 5 个水文站年径流量均出现变异点，且变异点大都集中在 20 世纪 60 年代末和 20 世纪 90 年代初。因此，渭河流域年径流量时间序列的一致性假设遭到了破坏，出现了变异点。

表 4.17 　渭河流域 5 个水文站年径流量变异点诊断结果

水文站	t_{max} 出现的年份	对应的 $P(t_{max})$	与阈值 $P_0=0.95$ 相比	变异点
林家村	1969	0.97	>	1969 年
	1993	1	>	1993 年
咸阳	1969	0.99	>	1969 年
	1993	1	>	1993 年
华县	1969	0.92	<	无
	1990	1	>	1990 年
张家山	1971	0.89	<	无
	1996	1	>	1996 年
洑头	1992	0.75	<	无
	1994	0.99	>	1994 年

4.4.7　代际变化特征

根据渭河流域 5 个水文站的年径流资料，统计了各水文站不同年代年均径流量较多年平均径流量的变化量，结果如图 4.14 所示。从整体来看，渭河流域各站径流量的代际变化与年降水量的代际变化基本一致。在 20 世纪 60 年代和 20 世纪 80 年代径流量较丰富，而 20 世纪 70 年代、20 世纪 90 年代和 21 世纪前十年径流量都比较少。各年代径流量变化最为显著的站点均为华县站，最不显著的站点均为洑头站。

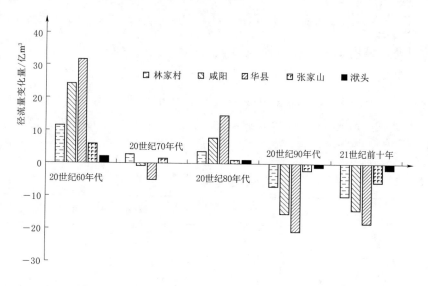

图 4.14　渭河流域 5 个水文站各年代径流量较多年平均径流量的变化量

渭河流域各站不同年代年均径流量较多年平均径流量的变化幅度见表 4.18。结合图 4.14 和表 4.10，以华县站为例说明渭河流域年径流的代际变化。20 世纪 60 年代华县站径流量较多年平均径流量多 30 亿 m^3，变化幅度达到了 48.85%；20 世纪 70 年代代际平均径流量开始减少，较多年平均径流量少了 5 亿 m^3，变化幅度为 −8.05%；20 世纪 80 年代代际平均径流量又开始增加，较多年平均径流量增加了 14 亿 m^3，变化幅度为 22.5%；20 世纪 90 年代代际径流量又开始减少，较多年平均径流量少了 20 亿 m^3，变化幅度为 −32.31%；21 世纪前十年代际径流量持续减少，较多年平均径流量少了 18 亿 m^3，变化幅度为 −28.17%。

表 4.18　　　渭河流域 5 个水文站各年代径流量较多年平均径流量的变化量　　　%

时期	林家村	咸阳	华县	张家山	洑头
1960s	58.45	64.00	48.85	35.34	23.94
1970s	12.77	−2.70	−8.05	9.03	2.33
1980s	17.70	20.32	22.50	6.98	12.89
1990s	−34.57	−40.46	−32.31	−12.45	−12.93
2000s	−49.41	−37.41	−28.17	−35.36	−23.85

4.5　讨论

本章主要针对渭河流域的气温、降水以及径流的基本特征及非一致性展开研究，结果表明流域气候存在暖干趋势。

（1）渭河流域年降水量在整体上呈减小趋势，虽然有些子流域的年降水量呈显著减小趋势，但是整个渭河流域年降水量呈不显著减少趋势；渭河子流域和整个流域的年降水量均不存在变异点，仍然满足一致性要求，这与前人的研究结果一致[51]，同时这也从另一方面反映出年降水量对全球气候变暖的响应并不那么显著。

（2）流域的年平均气温存在显著升温趋势，流域气候变暖现象显著，且年平均气温序列存在变异点，表现出非一致性。其中，渭河流域的年平均气温主要在 20 世纪 80 年代开始出现上升趋势，且年平均气温时间序列的变异点多集中在 20 世纪八九十年代。总的来说，渭河流域年平均气温的变化与整个地球近百年来气温上升的时间节点是比较一致的。

相关研究表明，受自然因素和人类活动的影响，全球气温自 20 世纪 80 年代以来上升显著。从自然因素来看，全球气候本身就处于冷暖变化之中，进入 19 世纪以来，全球气温表现出明显的波动上升趋势，这是全球气温变暖的大背景[52]。从人类活动来看，大量使用化石燃料（如煤、石油等）、砍伐森林、破坏植被、围垦造田等，导致空气中 CO_2 等多种温室气体浓度增加，大气保温效应加剧，气温明显升高[9]。

结合渭河流域实际情况看，随着社会经济和工农业的发展，煤和石油等燃料消耗量剧增，温室气体排放浓度上升；流域植被破坏、耕地面积增加；尤其是进入 21 世纪，流域城镇化率上升，区域尺度热岛效应显著等，均使得流域年平均气温呈上升趋势，并最终出现变异点，表现出非一致性。

（3）渭河流域 5 个水文站实测年径流量呈显著减少趋势，且年径流序列在 20 世纪 60 年代末和 20 世纪 90 年代初都诊断出了变异点。结合第 3 章研究结果可知，人类活动的影响使得流域土地利用/覆被方式发生了改变，导致流域下垫面条件出现了变化，最终使得实测径流序列出现变异[53]；且自 20 世纪 90 年代以来，随着流域社会经济、城镇化及社会文明的发展，流域内工农业用水和生活用水量显著增加，也使得流域实测年径流量显著减少，最终出现变异点。另一方面，从气候变化角度来看，流域年均气温升高促进流域蒸散发，年降水量的不显著减少（见 4.3 节）和 20 世纪 60 年代及 20 世纪 90 年代的 ENSO 事件对流域的年径流量的变化也有一定的影响[53-55]。

综上所述，渭河流域流域气候存在暖干趋势。人类活动是流域年平均气温显著上升且表现出非一致性的主要驱动力。流域年降水量的不显著减少和人类活动的影响共同使得流域年径流量表现出显著减少趋势，并出现变异点。

4.6 本章小结

本章主要采用线性回归法、趋势检验法、R/S 分析法、小波分析法以及启发式分割法，对渭河流域 1960—2010 年以来年平均气温、年降水量以及年径流量的时空变化规律及非一致性进行了分析和研究，主要结论如下。

（1）渭河流域多年平均气温变化范围在 3.7～13.81℃，空间分布不均匀，差异较大。由西北向东南逐渐增加。年平均气温呈普遍升温趋势，区域气候变暖现象显著，存在 16 年和 26 年的周期，且变化呈正持续性。流域年平均气温时间序列的变异点大都出现在 1986 年和 1996 年，一致性假设遭到破坏。包括使用化石燃料和砍伐森林植被及城镇化发展等在内的人类活动均对流域年平均气温的升高表现出正面影响。

（2）渭河流域多年年降水量变化范围在 406～850mm，空间分布不均匀，山区降水大于平原地区，东西方向上东少西多，南北方向上北少南多，由西北向东南方向递增。流域年降水存在 4 年、16 年和 27 年左右的短、中、长周期，整体呈不显著减少趋势，且变化呈正持续性。在 20 世纪 90 年代，流域降水减少趋势比较明显。流域年降水量不存在变异点，仍然满足一致性假设。

（3）渭河流域径流年内分配不均，主要集中在汛期（7—10 月），夏秋两季的径流量可达到全年的 65％以上。春季径流量略大于冬季，冬季径流量最小。流域干流年径流序列存在 16～18 年的周期，而支流存在 24～25 年长周期，整体呈显著下降趋势，且变化为正持续性。径流序列发生变异的时间多集中在 20 世纪 60 年代末和 20 世纪 90 年代初，一致性假设遭到了破坏。人类取用水、流域下垫面条件的改变以及气候变化共同导致流域年径流序列出现变异点，表现出非一致性。

第5章　基于云模型的渭河流域
极端气温非一致性研究

全球气温升高，导致极端气温事件频发[2,56-57]。由于气温在全球气候系统和能量循环中扮演着重要角色，极端气温事件频发势必会对区域水文、农业、生态系统和人类生活（比如死亡率、发病率、健康状态、舒适性等）等许多方面造成强烈影响[58-63]。越来越多的证据表明，未来极端气温事件将变得更加剧烈和频繁[64-65]。为进一步了解气候变化和科学监测预防减灾，有必要研究区域极端气温演变规律。

目前，国内外学者在全球范围和区域尺度上，对极端气温开展了大量的研究。Donat 和 Alexander 基于全球网格化的日气温数据集，研究了年最高气温和年最低气温的变化规律，发现全球年最高气温和年最低气温事件变化显著，年最低气温的变化幅度要大于年最高气温；并且通过它们概率密度曲线的变化得出，年最高气温和年最低气温的变化实质上是极端气温均值、方差和偏态系数变化的组合[66]。在区域尺度上，Dashkhuu 等研究表明，蒙古国的年最高气温主要在蒙古国戈壁呈显著增加趋势，而年最低气温则在整个蒙古国范围内呈现显著增加趋势，且冷昼夜晚显著减少，暖夜夜晚显著增加[67]。Jakob 和 Walland 的研究发现，澳大利亚极端气温事件呈显著增加趋势，年最高气温表现出显著的区域和季节性变化，且年最低气温的增加幅度远大于年最高气温的增加幅度[16]。巴基斯坦极端气温事件也呈增加趋势，但是巴基斯坦北部地区的年最高气温变化趋势却比年最低气温的变化趋势更加显著[68]。在中国，年最低气温和年最高气温以及其他相关极端气温事件也出现了显著增加，但是增加幅度存在着较大的区域差别[69-73]。

上述研究尽管辨识了不同时间尺度和区域尺度上极端气温的变化规律，但最多关注的是极端气温的均值、方差和变化趋势，揭示的都是极端气温的随机性和确定性特征。事实上，现实世界充满不确定性，只有不确定性本身才是确定的。事物的不确定性不只在于随机性，还在于模糊性。我国工程院院士李德毅等[74-75]认为不确定性包括模糊性和随机性两个密切关联的方面，他们基于概率论和模糊数学理论提出了云模型的概念，并研究了模糊性和随机性及两者之间的关联性。目前，云模型理论已经广泛地运用于数据挖掘、图像处理、智能控制、决策分析等众多领域[76-77]。研究表明，该模型在处理定性概念与定量描述的不确定性方面鲁棒性较强[78]。

极端气温事件本身也存在很大的不确定性。因此，本章拟采用云模型理论研究渭河流域极端气温序列，分析渭河流域极端气温的时空演变特征，为定量评估极端气温的不确定性提供新的思路。极端气温数据一致性假设，是开展极端气温预测的重要基础。但是，前人的研究多集中在极端气温的时空演变规律上，很少有研究探讨极端气温时间序列的非一致性问题。因此，本章的主要研究目标如下：

（1）揭示渭河流域极端气温的时空变化特征，尤其是基于云模型理论的不确定性特征。

（2）识别渭河流域极端气温序列变化趋势和变异点，揭示其确定性特征，尤其是非一致性特征。

有必要指出的是，目前常用的极端气温指标较多，主要是从年最高气温和年最低气温中衍生出来的。因此，本章针对渭河流域极端气温序列的研究，主要考虑年最高气温和年最低气温两个指标。

5.1 研究数据

本章的研究数据是：渭河流域 21 个气象站 1958 年 1 月 1 日—2008 年 12 月 31 日的日最高气温和日最低气温数据。其中，年最高气温（T_{max}）是一年中日最高气温的最大值，而年最低气温（T_{min}）是一年中日最低气温的最小值。

5.2 云模型简介

云模型是中国工程院院士李德毅在 1995 年提出的一种新的不确定性分析方法，是处理定性概念与不确定定量描述的转换模型[74-75]。云模型主要用三个数字特征：期望（Ex）、熵（En）和超熵（He）来表征不确定性的概念，如图 5.1 所示。

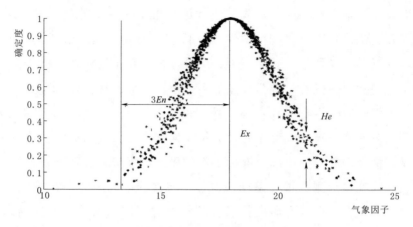

图 5.1　云模型的三个数字特征示意图

图 5.1 中，横轴表示的是给定的水文气象因子的范围，反映的是自然现象的随机性（本书中指的是年最高气温 T_{max} 或年最低气温 T_{min}）；纵轴表示的是给定因子的确定度，确定度即模糊集理论中的隶属度，反映的是自然现象的模糊性。由图 5.1 可知：

（1）期望 Ex 表示的是 T_{max} 或 T_{min} 的均值，代表定性概念；

（2）熵 En 表示的是 T_{max} 或 T_{min} 的分散程度（不确定性），反映的是极端气温的离散度和均匀性。熵 En 越小，意味着 T_{max} 或 T_{min} 越均匀，离散度越小；

（3）超熵 He 表示的是熵 En 的熵，描述的是 T_{max} 或 T_{min} 的随机性和稳定性。超熵 He 越大，T_{max} 或 T_{min} 的随机性越大，稳定性越小。

这三个数字特征的主要计算方法如下。

$$Ex = \overline{x} \tag{5.1}$$

$$En = \sqrt{\frac{\pi}{2}} \times \frac{1}{n} \sum_{i=1}^{n} | x_i - Ex | \tag{5.2}$$

$$He = \sqrt{S^2 - En^2} \tag{5.3}$$

式中：x 为给定的水文或气象因子，在本书中指的是 T_{max} 或 T_{min}；$\overline{x}$ 和 S^2 分别为样本的均值和方差。

5.3 Spearman 秩相关

Spearman 相关系数，又称秩相关系数，是用来衡量两个变量 x、y 依赖性的非参数指标。两个变量 x、y 间的相关性可以用单调函数描述[79]，其计算公式如下：

$$\rho = 1 - \frac{6\sum_{i=1}^{n} d_i^2}{n(n^2 - 1)} \tag{5.4}$$

$$d_i^2 = (R_{x_i} - R_{y_i})^2 \tag{5.5}$$

式中：ρ 为两个变量 x、y 的相关系数；n 为数据长度，表示有 n 对样本值；d_i^2 为两个变量（即 R_{x_i}、R_{y_i}）间秩差的平方。

本章拟采用该方法研究渭河流域极端气温序列与年平均气温的相关性，探究渭河流域极端气温对流域气候变暖的响应。

5.4 基于云模型的极端气温不确定性研究

5.4.1 极端气温云模型的特征值及云图

首先，根据云模型三个特征值计算方法，得到 5 个子流域和渭河全流域的 T_{max} 和 T_{min} 的三个数字特征值，结果见表 5.1。

表 5.1　　　　渭河流域及其子流域极端气温的云模型特征值

流域	T_{max}			T_{min}		
	Ex	En	He	Ex	En	He
上游	29.71	1.23	0.46	−20.05	1.79	0.58
中游	34.37	1.74	0.45	−6.53	2.66	0.75
下游	31.71	1.79	0.18	−9.37	2.25	0.43
泾河	32.98	1.19	0.37	−18.32	2.12	0.63
北洛河	33.84	1.45	0.45	−12.29	2.18	0.45
渭河全流域	32.45	0.96	0.37	−15.23	1.74	0.48

然后，取云滴为 10000，利用正向云发生器生成云滴，绘制渭河流域极端气温的云图，结果如图 5.2 所示。

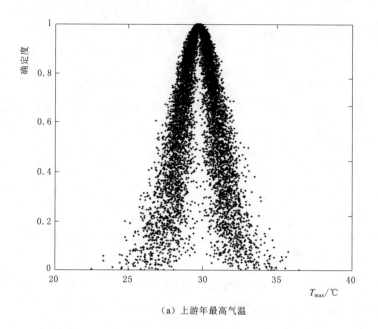

（a）上游年最高气温

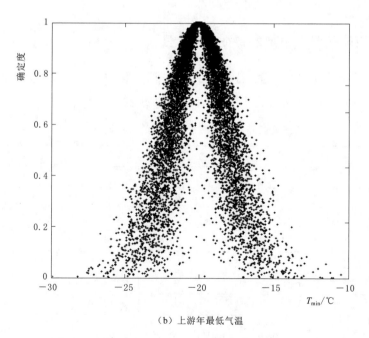

（b）上游年最低气温

图 5.2（一）　渭河流域及其子流域 T_{max} 和 T_{min} 的云图

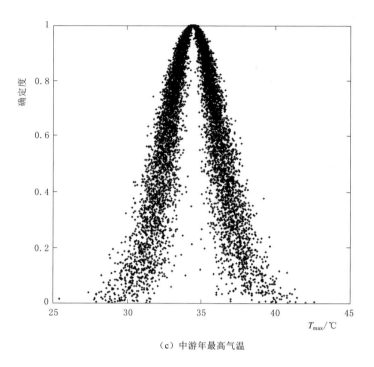

（c）中游年最高气温

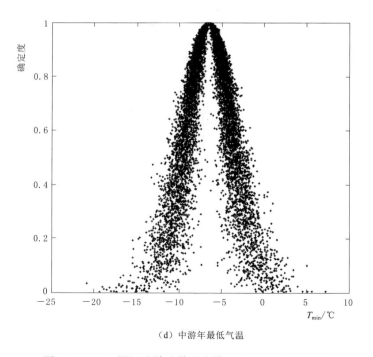

（d）中游年最低气温

图 5.2（二） 渭河流域及其子流域 T_{max} 和 T_{min} 的云图

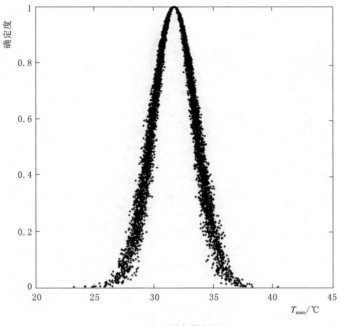

（e）下游年最高气温

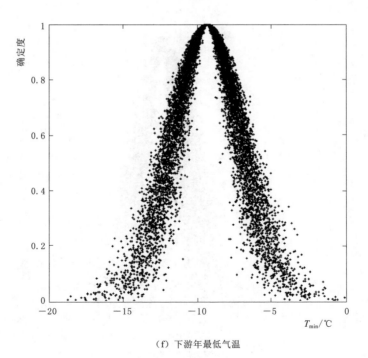

（f）下游年最低气温

图 5.2（三） 渭河流域及其子流域 $T_{\max}$ 和 $T_{\min}$ 的云图

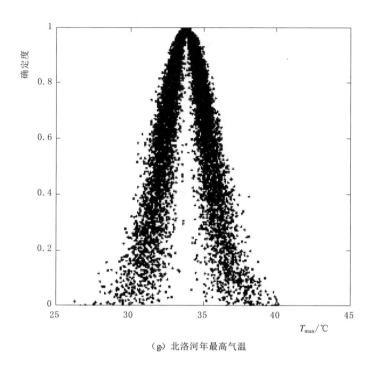

（g）北洛河年最高气温

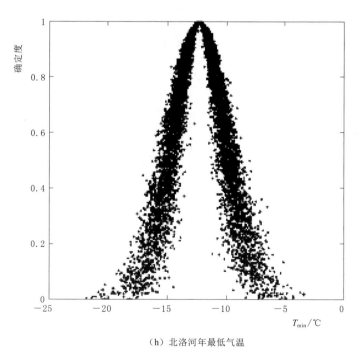

（h）北洛河年最低气温

图 5.2（四） 渭河流域及其子流域 T_{max} 和 T_{min} 的云图

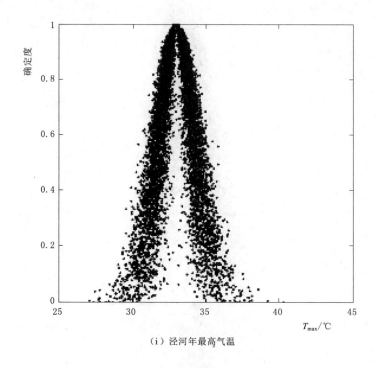

（i）泾河年最高气温

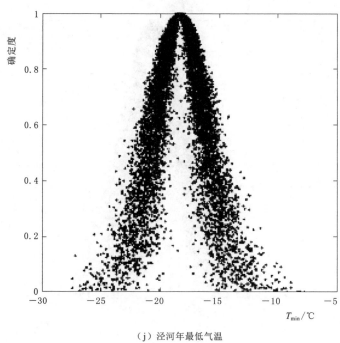

（j）泾河年最低气温

图 5.2（五）　渭河流域及其子流域 $T_{\max}$ 和 $T_{\min}$ 的云图

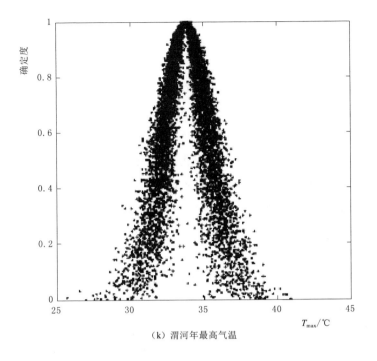

（k）渭河年最高气温

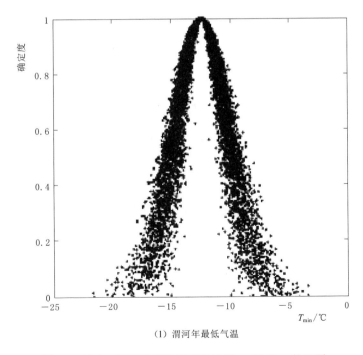

（l）渭河年最低气温

图 5.2（六）　渭河流域及其子流域 T_{max} 和 T_{min} 的云图

由表 5.1 和图 5.2 可知：

（1）从 Ex 看，T_{max} 和 T_{min} 的最大 Ex 均出现在中游地区，最小 Ex 均出现在上游地区；

（2）从 En 看，T_{max} 和 T_{min} 的最大 En 分别出现在下游和中游地区，最小 En 均出现在整个渭河流域；

（3）从 He 来看，T_{max} 和 T_{min} 的最大 He 分别出现在上游和中游地区，最小 He 分别出现在整个渭河流域和北洛河流域；

（4）渭河流域及其子流域 T_{min} 的 En 均大于 T_{max} 的 En。熵值 En 越小，意味着极端气温越均匀，离散度越小。由于年最高气温 T_{max} 的熵值 En 比年最低气温 T_{min} 的熵值都要小，故渭河流域 T_{min} 的分散度更高。

为了验证这个结论，分别计算渭河流域及其子流域极端气温（T_{max} 和 T_{min}）序列的标准差，结果见表 5.2。由表中可知，T_{min} 的标准差一般都要比 T_{max} 的标准差要大，T_{min} 要比 T_{max} 更不均匀。

表 5.2　　　　　　　　　渭河流域及其子流域极端气温的标准差

极端气温指标	区　域					
	上游	中游	下游	泾河	北洛河	渭河全流域
T_{max}	1.31	1.80	1.78	1.24	1.52	1.03
T_{min}	1.89	2.55	2.29	2.22	2.13	1.80

（5）与 En 类似，渭河流域及其子流域 T_{max} 的 He 均小于 T_{min} 的 He。超熵 He 值越大，极端气温的随机性越大，稳定性越小。因此，研究区域 T_{min} 要比 T_{max} 的随机性更大，稳定性更小。

总的来说，与 T_{max} 相比，渭河流域 T_{min} 分散度更高，且更不稳定、更不均匀。作为我国西北粮仓，渭河流域多变的年最低气温 T_{min} 将会给粮食生产带来一定的负面影响。因此，地方政府应当采取科学的预防和应对措施。

5.4.2　极端气温云模型特征值空间分布

绘制渭河流域极端气温云模型三个数字特征值的空间分布图，如图 5.3～图 5.5 所示。

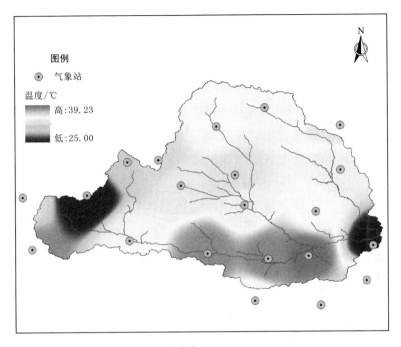

（a）$T_{\max}$

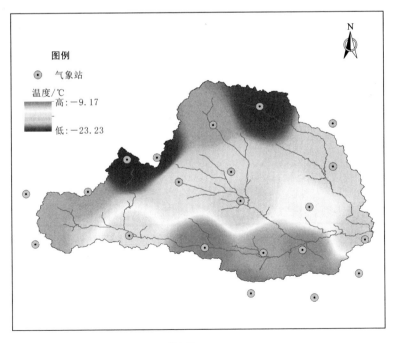

（b）$T_{\min}$

图 5.3 渭河全流域极端气温的 Ex 空间分布

图 5.3 表示的是渭河流域极端气温均值的 Ex 空间分布状态。由该图可知，渭河流域 T_{max} 的 Ex 变化范围为 $25\sim39.2℃$，T_{min} 的 Ex 变化范围为 $-23.2\sim-9.2℃$ 之间。在空间上，上游极端气温的 Ex 最小，中下游地区的极端气温的 Ex 最大。这可能是由于上游的六盘山山脉阻挡了东西向的季风[80]，加上西安和其他城市大都处于流域中下游地区，局部城市热岛效应均可导致极端气温出现较高的 Ex[81]。

图 5.4 表示的是渭河流域极端气温的 En 空间分布状态。由该图可知，渭河流域 T_{max} 的 En 变化范围为 $1.12\sim1.73$，T_{min} 的 En 变化为 $1.48\sim2.73$。在空间上，泾河流域和关中平原极端气温的 En 通常较大，渭河流域东北部极端气温的 En 通常较小。由此可见，泾河流域和中下游地区极端气温要比其他区域更不均匀。这可能是由于泾河流域地处黄土高原，而中下游地区靠近秦岭，是季风区边缘地带。这些区域通常对气候变化或季风更加敏感，导致极端气温变化更显著。

图 5.5 表示的是渭河流域极端气温的 He 空间分布状态。由该图可知，渭河流域极端气温的 He 的空间分布差异显著，泾河及北洛河流域上游区

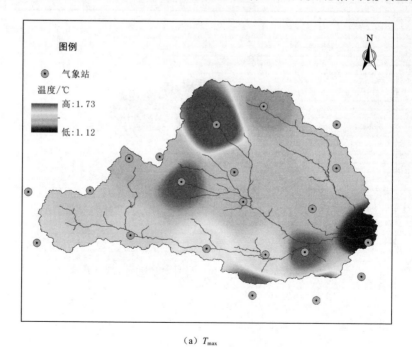

（a）T_{max}

图 5.4（一）　渭河全流域极端气温的 En 空间分布

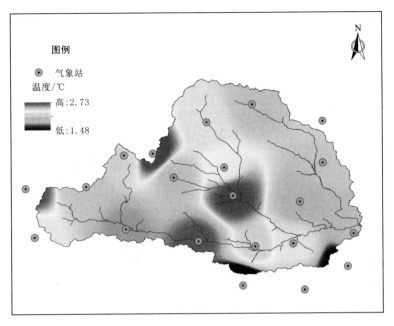

（b）T_{min}

图 5.4（二） 渭河全流域极端气温的 En 空间分布

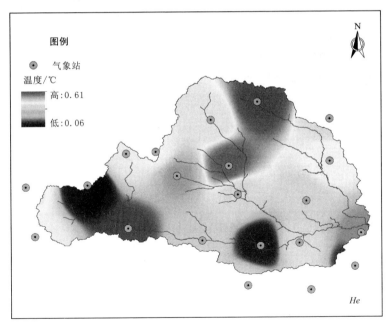

（a）T_{max}

图 5.5（一） 渭河流域极端气温的 He 空间分布

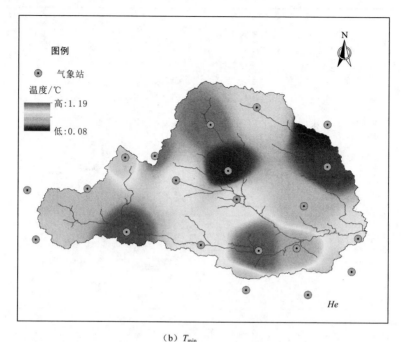

（b）T_{min}

图 5.5（二）　渭河流域极端气温的 He 空间分布

域 T_{max} 的 He 最大，表明该区域 T_{max} 的稳定性最小；渭河中下游地区 T_{min} 的 He 最大，表明这些区域 T_{min} 稳定性最小。

　　渭河流域极端气温云模型特征值不规则空间分布表明，与其他区域相比，中下游地区及泾河流域的极端气温分散度更高，更不均匀，稳定性更小。

5.5　渭河流域极端气温序列非一致性研究

5.5.1　流域极端气温序列变化趋势研究

　　云模型主要研究的是流域极端气温的不确定性特征。本节拟采用 MMK 趋势检验法及 HS 法，识别极端气温的趋势性和变异点，分析其变异特征，研究渭河流域极端气温序列的确定性特征。

　　首先，采用 MMK 趋势检验法对渭河流域 21 个气象站点的 T_{max} 和 T_{min} 序列进行趋势检验，结果如图 5.6 所示。

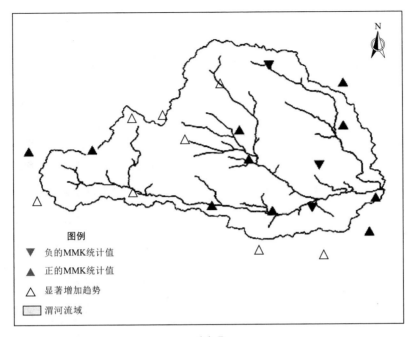

（a）T_{max}

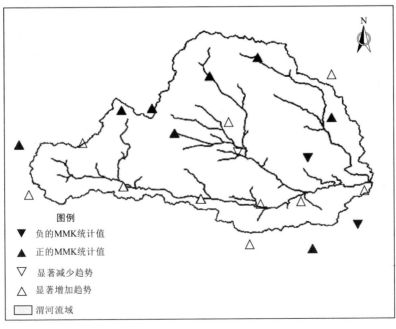

（b）T_{min}

图 5.6 渭河流域气象站点 T_{max} 和 T_{min} 序列的趋势检验结果

　　由图 5.6 可知，渭河流域 21 个气象站点 T_{max} 和 T_{min} 序列的变化趋势存在差异。整体而言，T_{max} 和 T_{min} 的 MMK 趋势检验值以正值为主，表明渭河流域极端气温主要以增加趋势为主。从图 5.6 可以看出，T_{max} 显著增长的气象站主要分布在泾河上游地区；T_{min} 呈显著增长的气象站主要分布在渭河干流附近的地区。

　　其次，以渭河流域及其子流域（同第 4 章子流域划分）为研究对象，绘制各区域 T_{max} 和 T_{min} 的时间序列图，结果如图 5.7 所示。由该图可知，中游区域的极端气温通常最高，上游区域的极端气温值往往最低。

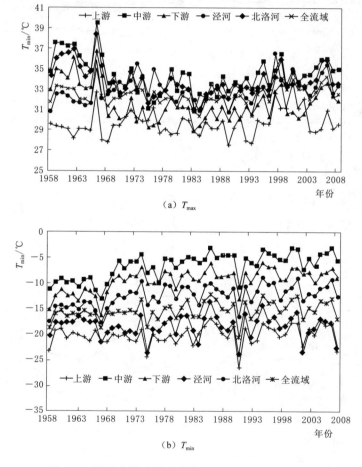

图 5.7　渭河流域及其子流域 T_{max} 和 T_{min} 时间序列

　　最后，采用 MMK 趋势检验法，对渭河流域及其子流域的 T_{max} 和 T_{min} 序列进行趋势检验，结果见表 5.3。

表 5.3   渭河流域及其子流域极端气温的趋势检验

流域	MMK 趋势检验统计值	
	T_{min}	T_{max}
上游	**2.13**	1.27
中游	**5.25**	0.47
下游	**4.74**	0.80
泾河	0.65	**2.40**
北洛河	**4.32**	0.82
渭河全流域	**3.01**	0.89

注　粗体字表示通过置信水平 95％的检验。

由表 5.3 可知渭河流域及其子流域的 T_{min} 均呈上升趋势，除泾河流域外，渭河流域及其他子流域的 T_{min} 均在 95％的显著性水平上呈显著上升趋势。除泾河流域的 T_{max} 呈显著上升趋势外，渭河中下游和北洛河区域的 T_{max} 均呈不显著上升趋势。总体而言，渭河流域及其子流域 T_{min} 的增加趋势和幅度要比 T_{max} 的更显著。

5.5.2　流域极端气温序列变异点诊断

采用 HS 法，对渭河流域及其子流域的极端气温序列进行变异点诊断，阈值 P_0 和最小分割长度 l_0 分别取值为 0.95 和 25。HS 法的渭河流域 T_{max}（a）和 T_{min}（b）的变异点诊断结果如图 5.8 所示。

图 5.8（a）中三角形标注的实线表示的是渭河流域 T_{max} 序列第一次变异点识别过程，统计量最大值 t_{max} 出现在 1996 年，对应的统计显著量 $P(t_{max})=0.99>P_0=0.95$，所以 1996 年是渭河流域年最高气温 T_{max} 序列中的第一个变异点。由于分割出来左侧的子序列长度＞$l_0=25$，所以进行第二次迭代分割过程。图 5.8（a）中的正方形标注的实线表示第二次迭代和分割过程。第二次的最大 T 值 t_{max} 出现在 1975 年，对应的统计显著量 $P(t_{max})=0.94<P_0=0.95$，所以 1975 年不是渭河流域 T_{max} 序列中的第二个变异点。

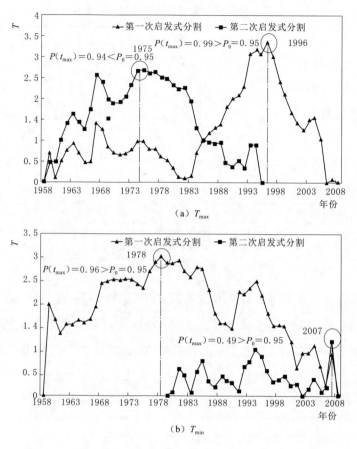

（a）T_{max}

（b）T_{min}

图 5.8   渭河流域极端气温（T_{max} 和 T_{min}）变异点诊断结果

图 5.8（b）中三角形标注的实线表示的是渭河流域 T_{min} 序列第一次变异点识别过程，最大值 t_{max} 出现在 1978 年，对应的统计显著量 $P(t_{max})=$ 0.96$>P_0=0.95$，所以 1978 年是渭河流域 T_{min} 序列中的第一个变异点。由于分割出来右侧的子序列长度$>l_0=25$，所以进行第二次迭代分割过程。图 5.8（b）中的正方形标注的实线表示第二次迭代和分割过程。第二次的最大值 t_{max} 出现在 2007 年，对应的统计显著量 $P(t_{max})=0.49<P_0=0.95$，所以 2007 年不是渭河流域 T_{min} 序列中的第二个变异点。由此可见，渭河流域 T_{max} 和 T_{min} 序列出现了变异点，一致性遭到了破坏。

同理，采用 HS 法对渭河子流域的极端气温序列进行变异点识别，结果见表 5.4。由表 5.4 可知：①渭河流域上游、泾河及全流域的 T_{max} 序列均在 1996 年出现了变异点；②中游、下游和北洛河区域的 T_{max} 序列均在 1968 年出现了变异点；③上游、泾河及全流域 T_{min} 序列均未出现变异点，仍然满足一致性假设；④中游和下游区域的 T_{min} 序列均在 1969 年出现了变异点，北洛河流域 T_{min} 序列在 1970 年出现了变异点。这说明渭河流域的 T_{max} 序列及中游、下游和北洛河流域的 T_{min} 序列一致性假设遭到了破坏，表现出非一致性。

对比年平均气温变异点诊断结果可知，渭河上游、泾河和全流域的 T_{max} 序列与年平均气温序列的变异点一致，均出现在 1996 年（见第 4 章 4.2 节）。渭河中游、下游及北洛河区域 T_{max} 和 T_{min} 序列变异点多集中在 20 世纪 60 年代末期。

表 5.4 　　　渭河流域及其子流域极端气温指标变异点诊断结果

极端气温指标	流域	t_{max} 出现的年份	对应的 P (t_{max})	与阈值 $P_0=0.95$ 相比	变异点
年最高气温 T_{max}	上游	1996	0.99	$>$	1996 年
	中游	1968	1	$>$	1968 年
	下游	1968	1	$>$	1968 年
	泾河	1996	0.99	$>$	1996 年
	北洛河	1968	1	$>$	1968 年
	渭河全流域	1996	0.98	$>$	1996 年
年最低气温 T_{min}	上游	1984	0.82	$<$	—
	中游	1969	1	$>$	1969 年
	下游	1969	1	$>$	1969 年
	泾河	2007	0.69	$<$	—
	北洛河	1970	1	$>$	1969 年
	渭河全流域	1978	0.96	$>$	1978 年

5.6　讨论

本章主要针对渭河流域极端气温序列进行非一致性分析。

（1）渭河流域极端气温云模型特征值空间分布表明，与其他区域相比，中下游地区的极端气温均值往往较高，且分散度更高、更不均匀，稳定性更小。这主要是因为咸阳、西安和其他城市大都处于流域中下游地区，且随着城市化建设的推进（见第 3 章 3.4 节）、城市外扩、水泥硬化地面面积不断增大、局部城市热岛效应范围扩大，导致区域气温较高。由此可见，流域极端气温对流域下垫面变化的响应与年平均气温的响应是一致的。

（2）渭河流域及其子流域的极端气温序列均呈增加趋势，其中全流域 T_{max} 呈不显著上升趋势，T_{min} 呈显著上升趋势。整体上，T_{min} 的增加趋势要比 T_{max} 显著。由此可见，渭河流域年平均气温显著上升（见第 4 章 4.2 节）主要是由最低气温升高导致的，这与前人的研究结果是一致的[82]。

（3）渭河流域的年最高气温序列均存在变异点，表现出非一致性。其中，渭河上游、泾河和全流域的 T_{max} 序列与年平均气温序列的变异点一致，均出现在 1996 年（见第 4 章 4.2 节）。渭河中游、下游及北洛河区域 T_{max} 和 T_{min} 序列变异点多集中在 20 世纪 60 年代末期。由此可见，流域年最高气温的变化趋势与年平均气温的变化趋势较为同步。

为了进一步讨论渭河流域极端气温的变化同区域性变暖的相关性，分别计算了渭河流域及其子流域年平均气温序列与 T_{max} 序列、T_{min} 序列的 Spearman 相关系数，结果见表 5.5。由表 5.5 可知：①渭河上游、泾河和全流域的 T_{max} 同年平均气温的相关系数要大于中游、下游及北洛河流域与年平均气温对应的相关系数，可见渭河上游、泾河和全流域的 T_{max} 对流域变暖的响应较其他区域更突出；②中游、下游和北洛河 T_{min} 同年平均气温的相关系数要大于上游、泾河和北洛河对应的相关系数，可见中游、下游和北洛河 T_{min} 对流域变暖的响应较其他区域更为显著；③总体而言，渭河全流域 T_{max} 同年平均气温的相关系数要大于 T_{min} 同年平均气温的相关系数。由此可见，渭河流域年最高气温对流域变暖的响应较年最低气温对流域变暖的响应显著。

表 5.5　　　　渭河流域极端气温与年平均气温的 Spearman 相关系数

区　域	极 端 气 温 指 标	
	T_{max}	T_{min}
上游	**0.48** * *	0.24
中游	0.25	**0.45** * *
下游	0.22	**0.41** * *
泾河	**0.50** * *	0.15
北洛河	**0.28** *	**0.42** * *
渭河全流域	**0.56** * *	**0.31** *

注　粗体的 * 和 * * 分别表示相关系数通过 95% 和 99% 置信水平的检验。

5.7　本章小结

本章主要研究了渭河流域极端气温——年最高气温 T_{max} 和年最低气温 T_{min} 的不确定性特征及非一致性。首先，基于云模型理论建立了流域极端气温的云模型，计算了云模型特征值，绘制了对应的云图，探讨了其不确定性特征的时空分布特征。然后，基于 MMK 趋势检验法和 HS 法，识别了极端气温时间序列的变化趋势，确定了变异点，明确了渭河流域极端气温序列的非一致性特征。主要结论如下。

（1）基于云模型理论的不确定性分析表明，与 T_{max} 相比，T_{min} 分散度更高，变化更不稳定、更不均匀。空间上，中下游区域及泾河流域的极端气温分散度更高、更不均匀、稳定性更小。

（2）整体上，渭河流域极端气温以升温为主，其中 T_{min} 的增幅度更显著。流域极端气温对流域下垫面变化的响应与年平均气温的响应是一致的，且流域年平均气温的显著上升主要是由最低气温升高导致的。

（3）流域 T_{max} 序列均存在变异点，表现出非一致性。其中，渭河上游、泾河和全流域的 T_{max} 序列与年平均气温序列的变异点一致，均出现在1996 年。渭河中游、下游及北洛河区域 T_{max} 和年最低气温 T_{min} 序列变异点多集中在 20 世纪 60 年代末期。流域年最高气温 T_{max} 的变化趋势与年平均气温的变化趋势较为同步。

（4）流域极端气温序列与年平均气温序列的相关性表明，渭河上游、泾河和全流域 T_{max} 对流域变暖的响应较其他区域更突出，而中游、下游和北洛河 T_{min} 对流域变暖的响应较其他区域更为显著。总体上，渭河流域年最高气温对流域变暖的响应较年最低气温对流域变暖的响应显著。

第6章　渭河流域极端降水非一致性及其与环流因子的遥相关研究

　　IPCC 第五次报告指出，随着全球气温变暖，极端降水的强度将以大约 $7\%/℃$ 的速度增加，远远高于平均降水的响应速度 $1\%\sim3\%/℃^{[2,83]}$。因此，极端降水的研究越来越受到人们的关注[84-85]。

　　Westra 等的研究表明，极端降水在全球范围内呈增加趋势，变化幅度与极端降水发生的地理位置和持续时间密切相关[86]。Goswami 等发现，尽管印度中部地区的降水事件在季风季节显著减少，但是整个印度的极端降水频率和幅度却呈显著增加趋势[87]。Verdon－Kidd 和 Kiem 的研究表明，澳大利亚大多数气象站点的年最大 1 日降水量变化趋势显著[88]。Besselaar 研究指出，除了夏季，北欧地区春、秋和冬季的极端降水均存在着显著增加趋势[89]。Croitoru 等研究发现，尽管罗马尼亚的降水日数出现了显著减少趋势，但是该地区的强降水事件却出现了增加趋势[90]。Limsakul 和 Singhruck 研究表明，尽管泰国的降水事件频率在减少，但是极端降水的强度却呈增加趋势[91]。在中国，Chen 等研究表明，年最大 1 日降水量和强降水量的天数在我国南部流域呈增加趋势，在北部流域呈减少趋势[92]。由此可见，极端降水对全球气候变化的响应在区域尺度上存在着较大的差别。

　　随着极端降水不断发生，有学者提出建议，既要加强极端降水预报工作，也要适当地修订城市给水排水基础设施的设计标准，尤其需要提高城市防洪设计标准，以应对频繁发生的极端降水引发的城市内涝问题[65,86]。传统的工程水文学计算要求，水文时间序列必须通过"三性"审查，尤其是要满足一致性。受气候变化和人类活动的影响，水文时间序列的统计特性往往会出现变化，存在变异点，产生非一致性[93-94]。在工程水文频率分析计算中，如果忽视非一致性问题，那么设计值将出现严重的偏差[95-96]。此外，若将非一致的水文序列作为输入端，利用水文模型进行模拟和预报，则得到的输出结果也可能出现较大的误差。因此，有必要研究极端降水时间序列的非一致性问题。

研究表明，极端降水受气候因素和非气候因素的共同作用。比如，全球气候变暖，土地利用/覆盖变化，海洋–大气环流模式、城市化等多种因素都会影响极端降水的产生和变化特征[86,94]。在这些因素中，海洋–大气环流模式是影响降水产生的最重要的因素之一[87-92]。例如，Limsakul 和 Singhruck 研究表明，厄尔尼诺–南方涛动（EI Niño - Southern Oscillation，ENSO 事件）和太平洋年代际振荡（Pacific Decadal Oscillation，PDO 事件）与泰国极端降水存在着较强的相关性，是泰国极端降水变化的遥相关因子[91]。尽管如此，以往研究多采用简单的线性相关系数描述极端降水和海洋–大气环流因子之间的相关性，并不能够全面地反映它们之间的关系变化。本章节拟采用交叉小波变换法，研究它们之间时域和频域上的相关性。

因此，本章的主要研究目标如下。

（1）揭示渭河流域极端降水时空演变特征；

（2）辨识渭河流域极端降水序列的非一致性；

（3）探讨渭河流域极端降水与海洋–大气环流模式间的遥相关性。

6.1　研究数据

本章的主要研究数据是：渭河流域 21 个气象站 1960—2010 年的日降水资料。根据定义的极端降水指标，从中提取出相关的极端降水指标的时间序列。同时，为研究极端降水与海洋–大气环流模式的遥相关性，收集了 ENSO 事件和太平洋年代际振荡 PDO 的相关指标数据。其中，ENSO 事件选用的是多变量 ENSO 指标（MEI），PDO 事件指标为 PDOI。

6.2　极端降水指标

世界气象组织（WMO）推荐使用的极端降水指标见表 6.1。一般来说，这些指标可以分为这几类：①特征量的极值，如年最大 1 日 RX1day、

5 日 RX5days 降水量；②特征量超过某个阈值的天数或总和，如中雨日数 R10D、大雨天数 R25D、强降水量 R95、极强降水量 R99 等；③特征量的持续时间，如最长连续无雨日数 CDD、最长连续降水日数 CWD 等。上述极端降水指标由日降水数据计算而来，具有弱极端性、噪声低、显著性强等特点。根据渭河流域的气候特征，本章定义和采用的极端降水指标见表 6.2。

表 6.1　　　　　　　世界气象组织推荐的极端降水指标

序号	指标符号	定　　义	单位
1	RX1day	年最大 1 日降水	mm
2	RX5days	年最大 5 日降水：连续 5 日最大降水量	mm
3	R10D	中雨日数：日降水量大于 10mm 的天数	mm
4	R25D	大雨日数：日降水量大于 25mm 的天数	mm
5	R95	强降水量：日降水量＞95％分位的降水总和	mm
6	R99	极强降水量：日降水量＞99％分位的降水总和	mm
7	R90D	强降水日数：一年中日降水量＞95％分位的天数	d
8	R95D	极强降水日数：一年中日降水量＞99％分位的天数	d
9	CDD	最长连续无雨日数：日降水量＜0.1mm	d
10	CWD	最长连续降水日数：日降水量≥0.1mm	d

表 6.2　　　　　　　渭河流域极端降水指标定义

序号	指标符号	定　　义	单位
1	RX1day	年最大 1 日降水	mm
2	RX3days	年最大 3 日降水：连续 3 日最大降水量	mm
3	R90	强降水量：日降水量＞90％分位的降水总和	mm
4	R95	极强降水量：日降水量＞95％分位的降水总和	mm
5	R90D	强降水日数：一年中日降水量＞90％分位的天数	d
6	R95D	极强降水日数：一年中日降水量＞95％分位的天数	d
7	CDD	最长连续无雨日数：日降水量＜0.1mm	d
8	CWD	最长连续降水日数：日降水量≥0.1mm	d

注　有雨日的定义为日降水量 $P \geq 0.1mm/d$，无雨日的定义为日降水量 $P < 0.1mm/d$。

在表 6.2 中，本章中采用的一些指标与 WMO 推荐的指标有所不同。具体来说：①由于渭河流域的降水事件一般持续时间为 1～3 天[78]，因此本章中采用的是年最大 3 日降水量 RX3days，而不是 WMO 推荐使用的年最大 5 日降水量 RX5days；②由于渭河流域属于典型的半湿润半干旱地带，因此 WMO 推荐使用的中雨日数 R10D 和大雨日数 R25D 并不适用，因此本章中并未采用这两个指标。

表 6.2 中采用的降水指标，总的来说可以分这几类：①年最大 1 日、3 日降水量（RX1day 和 RX3days），强降水量（R90）和极强的日降水量（R95）是表征极端降水强度的指标；②强降水量日数（R90D）和极强降水量日数（R95D）是描述极端降水发生频率的指标；③最长连续无雨日数（CDD）和最长连续降水日数（CWD）是量化流域一年中最潮湿和最干燥部分的持续时间的指标。通过定义和使用强度、频率和持续时间的指标，可以系统地研究渭河流域极端降水的变化特征。

6.3　交叉小波变换法

与常用的相关系数分析法不同，交叉小波变换法结合了小波变换和交叉谱分析，是一种新的信号分析技术，能够在时域和频域上捕捉到两个时间序列之间较强的相关关系[97-98]。假设有两个时间序列 $X = x_1, x_2, \cdots, x_n$ 和 $Y = y_1, y_2, \cdots, y_n$，它们的连续小波变换分别为 $W_n^X(s)$ 和 $W_n^Y(s)$，那么它们之间的小波变换见式（6.1）。

$$W_n^{XY}(s) = W_n^X(s) W_n^{Y*}(s) \qquad (6.1)$$

式中：$W_n^{Y*}(s)$ 为 $W_n^Y(s)$ 的复共轭；s 为时滞（或时移）。

交叉小波功率谱可定义为 $|W_n^{XY}(s)|$，包含了时间、频率和振幅信息，该值越大，则 X、Y 之间的相关性越高。对于两个平稳随机过程，交叉小波变换的标准化形式可写为小波互相关系数，见式（6.2）。

$$r(X,Y) = \frac{\sum_{i=1}^{n} [W_i^X(s) - \overline{W_i^X(s)}][W_i^Y(s) - \overline{W_i^Y(s)}]}{\sqrt{\sum_{i=1}^{n} [W_i^X(s) - \overline{W_i^X(s)}]^2} \sqrt{\sum_{i=1}^{n} [W_i^Y(s) - \overline{W_i^Y(s)}]^2}} \qquad (6.2)$$

由于，该方法能够反映两者之间的相关性随时间和频率变化的具体细节。因此，本章拟采用交叉小波变换法研究 MEI 指标和 PDOI 指标与渭河流域极端降水的遥相关性。

6.4 结果与讨论

6.4.1 极端降水的强度和频率变化

对渭河流域 21 个气象站点的极端降水强度和频率指标，即年最大 1 日降水量 RX1day、年最大 3 日降水量 RX3days、强降水量 R90、极强降水量 R95、强降水日数 R90D 和极强降水日数 R95D 的多年平均值进行统计，结果见表 6.3。

表 6.3　　　渭河流域 21 个气象站点极端降水指标多年平均值

序号	气象站点	RX1day /mm	RX3days /mm	R90 /mm	R95 /mm	R90D /day	R95D /day
1	宝鸡	57.11	81.28	311.66	205.33	10.65	5.45
2	长武	52.04	69.86	287.09	191.77	10.73	5.47
3	佛坪	**73.62**	**109.28**	**471.51**	**325.12**	**13.75**	**7.29**
4	固原	43.47	63.13	226.38	152.13	9.69	4.96
5	华家岭	41.07	55.48	250.04	166.86	12.57	6.45
6	环县	47.45	63.85	212.02	147.33	**8.76**	4.67
7	华山	67.99	94.63	408.44	274.06	12.53	6.45
8	临洮	43.19	57.75	257.68	169.02	11.61	5.90
9	洛川	59.01	79.62	299.57	199.80	10.08	5.24
10	岷县	**35.62**	**50.94**	252.42	164.86	13.04	6.76
11	平凉	51.63	69.85	254.38	176.80	10.08	5.31
12	商州	52.73	79.49	322.79	220.91	10.82	5.88
13	天水	44.55	60.44	259.50	179.20	10.88	5.90
14	铜川	62.19	95.07	382.10	253.27	12.24	6.25

续表

序号	气象站点	RX1day /mm	RX3days /mm	R90 /mm	R95 /mm	R90D /day	R95D /day
15	武功	57.27	77.08	286.15	197.83	9.51	5.14
16	吴旗	53.46	71.91	252.29	170.35	10.12	5.14
17	西安	50.88	71.84	265.62	183.14	9.53	5.27
18	西峰镇	54.86	76.08	275.89	190.21	10.37	5.45
19	西吉	37.47	52.85	**202.69**	**138.66**	10.16	5.37
20	延安	58.18	78.03	263.57	180.65	8.76	**4.57**
21	镇安	62.19	95.07	382.10	253.27	12.24	6.25

注　加粗字体表示最大值或最小值。

由表 6.3 可以看出，不同气象站点的极端降水的强度和频率变化差异显著。以年最大 1 日降水量为例，最大值可以达到 73mm 以上，最小值仅为 35.62mm。一般而言，这些指标的最大值都出现在佛坪水文站，而最小值出现在不同的站点。

取置信检验水平为 95%，采用 MMK 趋势检验法对它们的时间变化趋势进行趋势检验，并将其时空变化绘制成图，结果如图 6.1 所示。

由图 6.1 可以看出，渭河流域极端降水强度和频率呈现出非常显著的时空分布不均特点，最高值往往出现在流域的中游和下游区域，这可能是城市热岛效应导致的[95]。此外，除了两个气象站点的 R90D 出现显著减少趋势外，各个气象站点的极端降水强度和频率指标的 MMK 趋势检验统计值并没有通过 95% 的置信检验。

以渭河流域及其子流域（同第 4 章子流域划分）为研究对象，计算对应的面降水，统计渭河流域及其子流域的极端降水强度和频率并将它们绘制成图，结果如图 6.2 所示。由该图可知，受流域气候变暖的影响，渭河流域及其子流域极端降水强度和频率，在过去的几十年波动显著，差距较大。

利用 MMK 趋势检验法对渭河流域及其子流域极端降水强度和频率时间序列进行趋势检验和分析。结果见表 6.4 所示。

由表 6.4 可知，只有上游区域的极端降水强度和频率通过了 95% 显著性水平的检验，表现出显著减少的趋势，其余各流域的极端降水强度和频

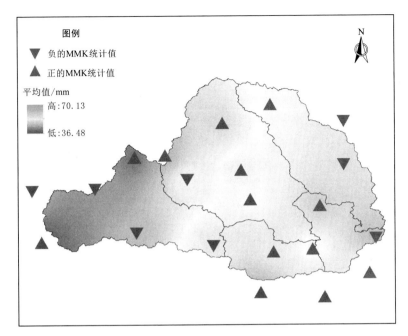

（a）RX1day

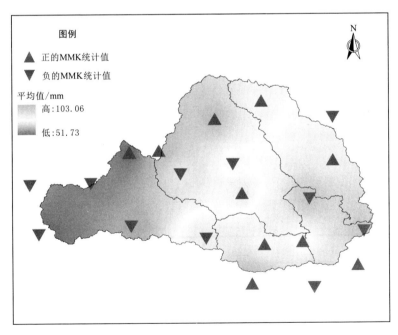

（b）RX3days

图 6.1（一）　渭河流域 21 个气象站点的极端降水强度和频率指标 RX1day，RX3days，
　　　　R90，R95，R90D 和 R95D 多年平均值以及 MMK 趋势检验结果

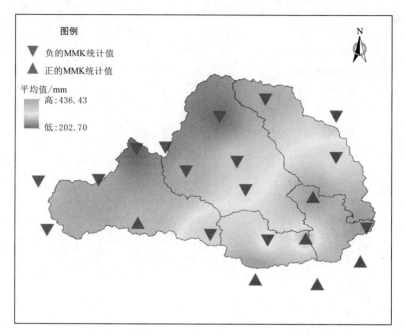

（c）R90

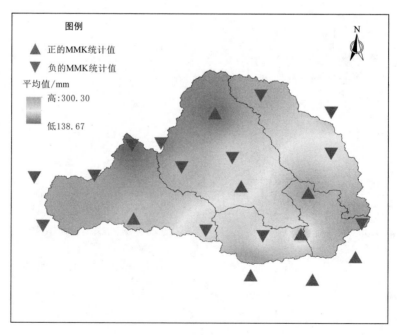

（d）R95

图 6.1（二）　渭河流域 21 个气象站点的极端降水强度和频率指标 RX1day，RX3days，
R90，R95，R90D 和 R95D 多年平均值以及 MMK 趋势检验结果

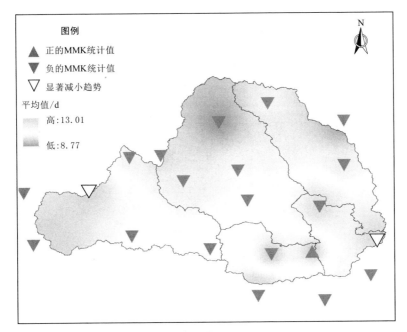

（e）R90D

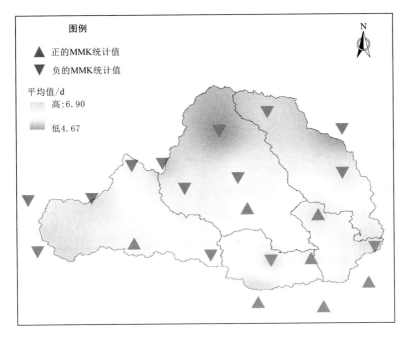

（f）R95D

图 6.1（三） 渭河流域 21 个气象站点的极端降水强度和频率指标 RX1day，RX3days，
R90，R95，R90D 和 R95D 多年平均值以及 MMK 趋势检验结果

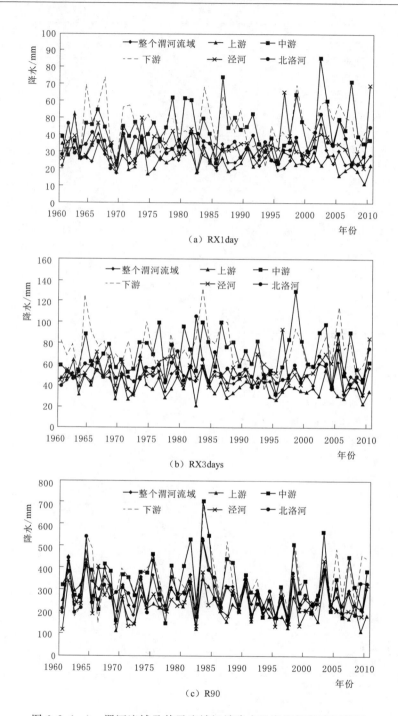

（a）RX1day

（b）RX3days

（c）R90

图 6.2（一）　渭河流域及其子流域极端降水强度和频率时间序列

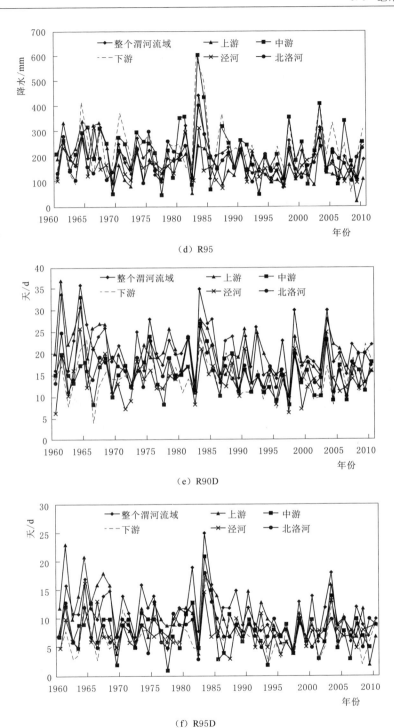

（d）R95

（e）R90D

（f）R95D

图 6.2（二） 渭河流域及其子流域极端降水强度和频率时间序列

率均未出现显著变化趋势。由此可见，除上游区域外，渭河全流域及其他子流域极端降水的强度及频率对流域气候暖干趋势的响应并不显著。此外，空间尺度对流域极端降水强度及频率的统计结果具有较大影响。

表 6.4　渭河流域及其子流域极端降水强度和频率趋势检验

极端降水强度/频率指标	渭河流域	上游	中游	下游	泾河	北洛河
RX1day	−0.65	**−2.79**	0.62	0.08	0.27	−0.19
RX3days	0.19	**−2.55**	0.76	−0.63	0.25	0.18
R90	−1.46	**−3.18**	−0.94	−0.47	−0.86	−0.81
R95	−1.69	**−3.31**	−0.97	0.32	−0.20	0.16
R90D	−1.21	**−2.27**	−1.20	−0.44	−0.72	−1.19
R95D	−1.92	**−3.14**	−1.37	−0.15	−0.07	0.09

注　粗体字表示通过置信水平 95%的检验。

6.4.2　极端降水持续时间的变化

针对渭河流域极端降水持续时间的变化，首先统计各个气象站点的年最长连续无雨日数 CDD 和最长连续降水日数 CWD 的多年平均值；然后，对各个站点得到的 CDD 和 CWD 序列进行趋势检验，并将其时空分布状态绘成图，结果如图 6.3 所示。

由图 6.3 可知，渭河各个气象站的 CDD 变化范围为 23~40d，CWD 变化范围为 7~10 天。从 MMK 趋势检验结果来看，这 21 个气象站的 CDD 均呈不显著变化趋势。但是，CWD 在 20 个气象站点均表现出减少趋势，且其中有 9 个位于流域中下游河段的气象站在 95%的置信水平上呈显著减少趋势。

同理，统计渭河流域及其子流域的极端降水的持续时间变化序列，如图 6.4 所示。由图 6.4 可知，渭河流域及其子流域的极端降水持续时间波动明显。

采用 MMK 趋势检验法分析它们的变化趋势，结果见表 6.5。由表 6.5可知：①CDD 在渭河全流域及其子流域均呈减少趋势，其中在渭河全流域和上游区域呈显著减少趋势；②CWD 在渭河全流域及其子流域同样呈减少

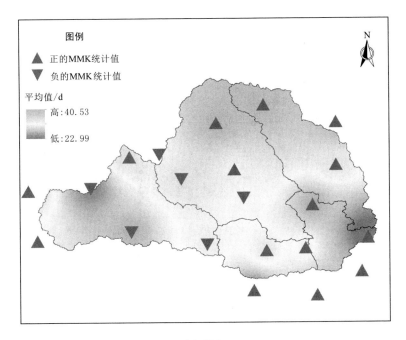

（a）CDD

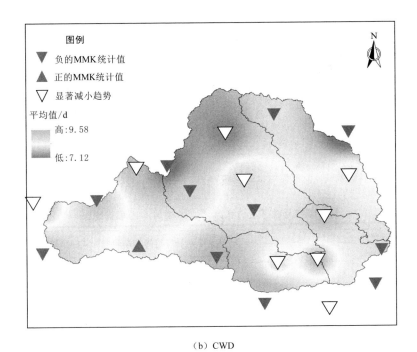

（b）CWD

图 6.3　渭河流域 21 个气象站点的极端降水持续时间指标多年平均值以及趋势检验结果

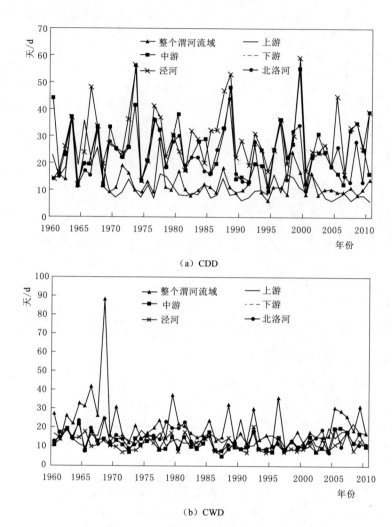

（a）CDD

（b）CWD

图 6.4　渭河流域及其子流域极端降水持续时间的变化图

表 6.5　　　　渭河流域及其子流域极端降水持续时间的趋势检验

流　域	极端降水持续时间指标的 MMK 统计值	
	CDD	CWD
渭河流域	**−2.85**	−1.59
上游	**−3.67**	0.13
中游	−0.70	−1.18

续表

流 域	极端降水持续时间指标的 MMK 统计值	
	CDD	CWD
下游	0.74	**−2.33**
泾河	−0.11	−1.47
北洛河	−0.03	**−1.96**

注　粗体字表示通过置信水平 95% 的检验。

趋势，其中下游区域和北洛河区域呈显著减少趋势。由此可见，极端降水持续时间的减少是渭河流域极端降水的显著变化特征。

6.4.3　极端降水指标序列的变异点诊断

由前两节可知，尽管各气象站点的极端降水总体变化趋势不显著，但是渭河流域及其子流域的极端降水波动明显，尤其是上游地区极端降水的强度、频率和持续时间均呈现显著性的变化趋势。因此，本节对渭河流域及其子流域的极端降水的时间序列进行变异点诊断。

采用 HS 法，对渭河流域及其子流域的极端降水指标序列进行变异点诊断，阈值 P_0 和最小分割长度 l 分别取值为 0.95 和 25。由于指标较多，以上游区域的 CDD 为例，解释说明变异点识别过程，结果如图 6.5 所示。

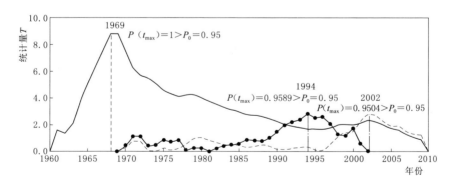

图 6.5　渭河流域上游区域 CDD 序列的变异点识别和迭代过程

图 6.5 中实线表示的是第一次变异点识别过程，最大统计量值 t_{max} 出现在 1969 年，对应的统计显著量 $P(t_{max})=1>P_0=0.95$，所以 1969 年是 CDD 序列中的第一个变异点。由于分割出来右侧的子序列长度 $>l_0=25$，

所以进行第二次迭代分割过程。图 6.5 中的虚线表示第二次迭代和分割过程。第二次的最大值 t_{max} 出现在 2002 年，对应的统计显著量 $P(t_{max})=$ $0.9504 > P_0 = 0.95$，所以 2002 年是 CDD 序列中的第二个变异点。这一次由于分割出来左侧的子序列长度 $> l_0 = 25$，所以进行第三次迭代分割过程。图 6.5 中带点的实线表示的是第三次迭代分割过程。最大值 t_{max} 出现在 1994 年，对应的统计显著量 $P(t_{max})=0.9589 > P_0 = 0.95$，所以 1994 年是 CDD 序列中的第三个变异点。最后一次分割出来的子序列长度均小于最小分割长度，迭代分割过程到此结束。因此，通过 HS 法诊断出上游区域的 CDD 序列存在三个变异点：1969 年、1994 年和 2002 年。

同理，采用 HS 法，对渭河流域及其子流域的极端降水指标序列进行变异点识别，结果见表 6.6。

表 6.6　　　渭河流域及其子流域极端降水指标序列变异点诊断结果

极端降水指标	渭河流域	上游	中游	下游	泾河	北洛河
RX1day	—	1967	—	—	2009	—
RX3days	—	1969	—	—	—	—
R90	—	1969	—	—	—	—
R95	—	1969	—	—	—	—
R90D	—	1969	—	—	—	—
R95D	—	1969	—	—	—	—
CDD	1968	1969、1994、2002	—	—	—	—
CWD	1969	1965、2003	1965、2004	1965	—	1982

注　"—"表示没有检测到显著的变异点。

由表 6.6 可知以下三点。

（1）渭河流域极端降水指标序列的变异点大多数出现在 20 世纪 60 年代后期（如 1965 年、1967 年、1968 年和 1969 年）。

（2）渭河上游地区的极端降水变化显著，所有的极端降水指标都存在变异点：RX1day、RX3days、R90、R95、R90D 和 R95D 序列均在 1969 年出现了变异点；CDD 序列变异点出现在 1969 年，1994 年和 2002 年；CWD 序列在 1965 年和 2003 年都出现了变异。由此可见，渭河流域上游区域的极端降水的时间序列一致性遭到了破坏。

（3）除泾河外，CWD 序列在渭河全流域及其他子区域均存在变异点。因此，渭河流域极端降水持续时间变化显著，存在非一致性。有必要指出，渭河流域上游区域 CWD 在 2003 年出现变异点的时间正好对应于该地区 2003 年出现的一场洪水灾害[99]。由此可推测，极端降水变异点出现的时间很可能也是自然灾害发生的时间。

对比 4.3 节，渭河流域及其子流域年降水变异点诊断结果可知，渭河流域及其子流域的年降水序列均不存在变异点，满足一致性假设。由此可见，与年降水量相比，极端降水对变化环境的响应更为敏感。

由 6.4.1 节可知，流域极端降水强度和频率序列的最高值往往出现在流域中下游地区。这是由于流域中下游大城市较多，尤其是随着城市外扩，局部城市热岛现象显著，往往导致城区内外的降水量存在一定的差别。尽管如此，流域极端降水序列非一致性主要出现在上游地区。由此可见，虽然流域下垫面会在一定程度上影响极端降水的时空分布，但是尚不足以改变极端降水序列的一致性。

6.4.4 极端降水与 ENSO 事件及 PDO 的遥相关

遥相关通常指的是相距数千千米以外的两地气候要素间存在一定的相关性。研究表明，ENSO 事件和 PDO 事件与区域极端降水往往存在着遥相关性。因此，研究渭河流域极端降水与它们之间的关系，尤其是关系的演变，不仅有助于了解渭河流域极端降水变化的远程驱动力，还有助于提高极端降水的预测精度，开展相应的水资源管理工作。

本节中采用交叉小波变换法研究渭河流域极端降水与 ENSO 事件、PDO 事件之间的关系。由于极端降水指标和划分的子区域较多，加之渭河流域及其子流域极端降水各指标与 ENSO 事件、PDO 事件的小波变换图差异不大。为简洁起见，下文主要展示的是整个渭河流域 RX1day、R90D 和 CWD 与 ENSO 事件、PDO 事件之间的关系。RX1day、R90D 和 CWD 三个指标分别对应着极端降水的强度、频率和持续时间三个方面。

取显著性水平为 95%，绘制渭河流域极端降水指标序列与 ENSO 事件之间的交叉小波变换图，结果如图 6.6 所示。图中，交叉小波变换图纵坐

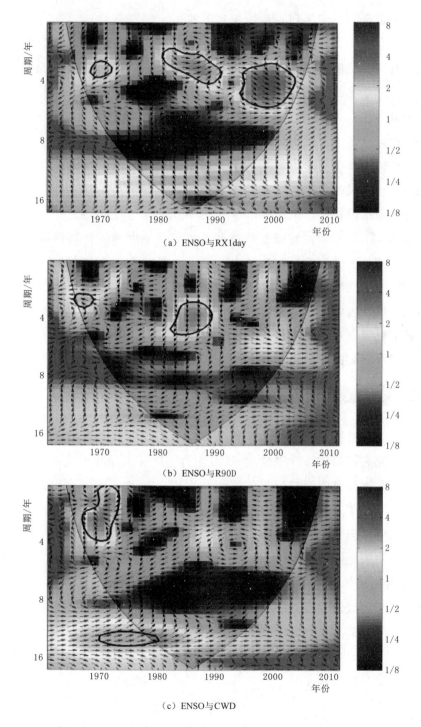

（a）ENSO与RX1day

（b）ENSO与R90D

（c）ENSO与CWD

图 6.6　ENSO 事件指标序列与渭河流域极端降水指标序列的交叉小波变换图

标表示的是两个因子的共振周期，横坐标表示的是年份。右侧的柱状图表示的是小波能量，图中锥形曲线表示的是小波锥，在该锥形曲线内的共振信号表示在 95% 置信水平下存在显著相关关系。其中，指向左边的箭头 ← 表示两个因子之间处于反相位，存在负相关性；指向右边的箭头 → 表示两个因子之间存在正相关性。

图 6.6（a）表示的是，ENSO 事件与渭河流域 RX1day 的交叉小波图。由图可知：①1969—1971 年，它们存在着周期为 3～4 年的显著负相关性；②1981—1991 年和 1995—1996 年，它们分别存在着周期为 2～5 年和 3～6 年的显著正相关性。这种互相的矛盾关系可能是因为 ENSO 事件的不同相位会影响到沃克环流（walker circulation），进而对流域极端降水产生不同的影响。

图 6.6（b）表示的是，ENSO 事件与 R90D 的交叉小波变换图。由图可知：1966—1969 年和 1983—1990 年，它们之间分别存在着周期为 3 年和 3～5 年的显著正相关性。由此可见，ENSO 事件与渭河流域极端降水的频率存在一定的相关性。

图 6.6（c）表示的是，ENSO 事件与渭河流域 CWD 的交叉小波图。由图可知：①1967—1971 年，它们之间存在着周期为 2～4 年左右的显著负相关；②1970—1980 年，它们之间存在着周期为 13～14 年左右的显著正相关。这种矛盾关系同样是由于 ENSO 事件不同的相位对流域降水产生不同的影响。由此可见，ENSO 事件对渭河流域极端降水的持续性也存在着遥相关。有必要指出：渭河流域 CWD 在 1969 年出现的变异点正好对应着 ENSO 事件在 1967—1971 年与它存在显著负相关的时间。因此，可推测 ENSO 事件可能是渭河流域极端降水非一致性的遥相关因子。

同理，绘制 PDO 事件和渭河流域极端降水指标序列的交叉小波变换图，结果如图 6.7 所示。

图 6.7（a）表明：PDO 与渭河流域 RX1day 指标在 1981—1989 年间存在周期为 1～3 年的显著正相关性，在 1990—2005 年间存在着周期为 3～5 年的正相关性。

图 6.7（b）表明：PDO 与渭河流域 R90D 指标在 1985—1987 年、1999—2000 年分别存在这周期为 3～5 年、2 年左右的显著正相关性。

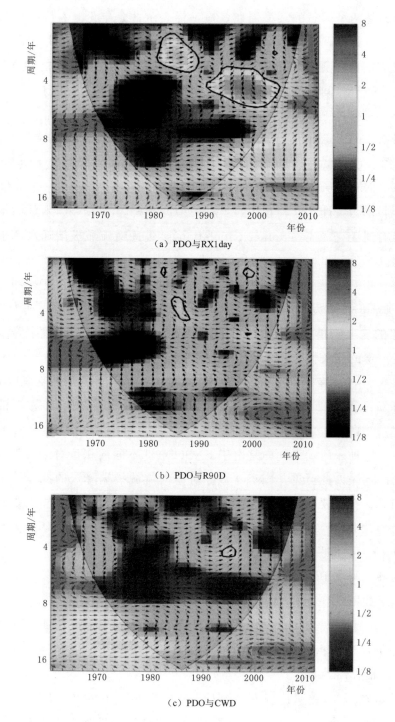

（a）PDO与RX1day

（b）PDO与R90D

（c）PDO与CWD

图 6.7　PDO 事件指标序列与渭河流域极端降水指标序列的交叉小波变换图

图 6.7（c）表明：PDO 与渭河流域 CWD 指标在 1993—1995 年存在着周期为 3 年左右的显著正相关性。由此可见，PDO 事件与渭河流域极端降水存在着遥相关性。

将图 6.6 和图 6.7 结合起来，可以发现：

（1）渭河流域 R90D、CWD 与 ENSO 事件的相关性要比它们与 PDO 事件的相关性更显著。这表明 ENSO 事件对渭河流域极端降水的频率和持续时间的影响，大于 PDO 事件对它们的影响。

（2）RX1day 在 1981—1989 和 1995—2005 年间，与 ENSO 事件和太平洋年代际震荡 PDO 均存在显著正相关。R90D 在 1985—1987 年间也与这两个环流模式存在显著正相关。可见，渭河流域极端降水的强度和频率受 PDO 和 ENSO 事件的共同作用。除此之外，本节还研究了渭河流域极端降水与其他海洋—大气环流模式之间的关系，如大西洋多年代际振荡（AMO），但没有发现明显的相关性（结果略）。

尽管 ENSO 事件、PDO 事件与流域极端降水存在遥相关性，但是还不能完全确定就是流域极端降水非一致性的直接驱动力。实际上，高度场、比湿场、地面气压场、风场、水汽通量场等气候态的平均物理场均会对极端降水的变化产生影响[100]。但是，这些因素如何相互作用并影响到流域极端降水序列的非一致性还需要进一步研究。

6.5　本章小结

本章主要研究了变化环境下渭河流域极端降水序列的非一致性。首先根据渭河流域气候特征，调整了通用的极端降水指标，定义了渭河流域极端降水的强度、频率和持续时间指标。然后，分析了这些极端降水指标时间序列的时空变化规律，识别了它们的变化趋势及变异点，明确了它们了的非一致性。最后，辨识了它们与 ENSO 事件和 PDO 事件之间的关系，探究了渭河流域极端降水变化的远程驱动力。主要结论如下。

（1）渭河流域极端降水强度和频率时空分布不均，除上游区域外，渭河流域及其他子流域极端降水的强度及频率对流域气候暖干趋势的响应并不显著。极端降水持续时间的减少是渭河流域极端降水的显著变化特征。

（2）在渭河流域，尤其在上游区域，极端降水时间序列存在显著变化趋势及变异点，一致性假设遭到了破坏。对比渭河流域年降水时间序列不存在变异点的研究结果可知，与年降水相比，极端降水对变化环境的响应更敏感。尽管流域下垫面会在一定程度上影响极端降水的时空分布，但是尚不足以改变极端降水序列的一致性。

（3）ENSO 事件、PDO 事件均与渭河流域极端降水存在显著遥相关性，但它们对流域极端降水的强度、频率和持续时间的影响是不同的。一般来说，ENSO 事件和 PDO 事件的共同作用渭河流域极端降水的强度和频率，但 ENSO 事件的影响要强于 PDO 事件的影响。未来可考虑将 ESNO 事件及 PDO 事件的指标作为输入因子，提高流域内极端降水的预报精度。

第7章　渭河流域洪水序列的非一致性研究

洪灾是世界上最常见和最具破坏力的自然灾害之一，给人类社会造成了巨大的社会经济和生命财产损失。据报道，洪水灾害占所有自然灾害的40％左右，全世界每年约有 2 亿～3 亿的人口受到洪灾的影响[101−102]。特别是发展中国家，与发达国家相比，密集的人口、不完善的排水设施以及不断扩大的城市化面积，都增加了洪灾发生的风险，导致发展中国家的洪灾损失比例更高[102−103]。近年来，自然灾害造成的损失逐年增加，人们对极端气象事件的认识也逐渐增强。研究表明，未来极端天气事件仍然有不断增长的趋势[65,104]。因此，深入了解洪水过程、明确洪水变化特点、辨识洪水变化的驱动力，对变化环境下的洪水风险管理和水资源管理意义重大。

为了抵御洪水灾害，人们采取了各种防洪措施。按照洪水的处理方式不同，可以分为防洪工程措施和非工程措施两大类。其中，堤坝、水库、河道整治和分洪工程等都是典型的防洪工程措施。洪水预报和调度、洪水警报、洪泛区管理、洪水保险、河道清障、河道管理等都是典型的防洪非工程措施[105]。防洪非工程措施虽然不能直接改变洪水存在的状态，但是可以预防和减免洪水的侵袭，更好地发挥防洪工程的效益，减轻洪灾损失[101−102]。满足一致性假设的洪水序列是洪水频率分析和洪水预报模型的基础。受人类活动和气候变化的影响，洪水序列的一致性很可能遭到破坏[106−108]。因此，有必要研究洪水序列的非一致性问题。

近年来，一些学者已经开始研究洪水序列的非一致性问题。比如，Petrow 和 Merz 定义了 8 个洪水指标研究德国洪水事件的变化趋势，结果发现：受当地降水及海洋—大气环流模型的影响，德国西部、南部和中部洪水强度呈显著上升趋势[109]。Ishak 等的研究发现，受 ENSO 事件的影响，澳大利亚东南部和西南部地区的年最大洪峰流量呈显著的下降趋势[107]。Salvadori 和 Neila 的研究表明，美国东北部地区的年最大洪峰序列呈显著变化趋势，且存在变异点，一致性假设遭到破坏[110]。Mediero 等的研究表明，受当地蒸散发增加趋势的影响，西班牙的洪灾规模和频率总体呈下降趋势，北部地区洪灾发生时间呈上升趋势，即洪水发生时间出现了延迟现象[108]。在中国，许多流域的洪水序列也存在非一致性问题。受当地降水和气温变化的影响，新疆塔里木河流域洪水序列存在显著变化趋势和变异点[21]。Li 等的研究表明，当地大量修建的淤地坝和小型水工建筑物导致河北省王快流域的年最大洪水序列呈显著下降趋势，且 1979 年出现了变异点[106]。

　　总的来说，这些研究一般通过分析洪水序列的变化趋势和（或）诊断其变异点研究洪水的变异特征，确定其非一致性。但是，这些研究多是基于常规变异点诊断方法，如 Mann - Kendell 法和 Pettitt 检验，识别的是洪水序列的均值变异点[21,106-110]。很少有研究识别洪水序列的方差变异点。洪水序列的均值变异点主要强调的是洪水强度的均值大小变化[111]。洪水强度均值的变化会影响水库蓄水能力，进而影响水库灌溉、发电等效益。洪水序列的方差变异点关注的是某个地区洪水时间序列整体波动的稳定性[108]，对水库调度和水资源管理至关重要。当洪水序列存在方差变异点时，意味着洪水序列的离散程度发生了变化，波动性显著，洪水预报的不确定性将显著增加，且将直接影响多年调节水库的蓄水能力，进而对区域水资源配置及管理产生不利影响[112-113]。

　　研究表明，渭河流域洪灾多集中在流域中下游地区[112]。流域降水时空分布不均、土壤流失严重、河道萎缩、潼关高程上升及极端降水的变化均增加了流域内洪灾风险。目前，较少有研究关注渭河流域洪水事件的变化特征，尤其是其非一致性问题关注就更少。这是本章研究的主要动机之一。本章的主要研究目标如下。

　　（1）从变化趋势、均值变异点和方差变异点三个方面出发，系统地研究渭河流域洪水时间序列的非一致性问题。

　　（2）对比分析洪水序列中均值变异点、方差变异点给水文频率分析带来的影响。

　　（3）探讨变化环境下渭河流域洪水时间序列非一致性的驱动力。

7.1 研究数据和区域划分

由于具有较完整日径流资料的水文站仅有咸阳、张家山和华县站（见 2.2.1节），本章拟根据这三个水文站重新对流域进行子区域划分。华县站控制着整个渭河流域将近 97% 的面积，可以看成是整个渭河流域出口的控制站；咸阳站位于渭河流域干流中游，张家山是渭河最大支流泾河流域出口的控制站。据此，将渭河流域划分为两个子流域：咸阳以上流域和泾河流域。具体的区域划分结果如图 7.1 所示。因此，本章的研究区域包括咸阳以上流域、泾河流域及渭河全流域。

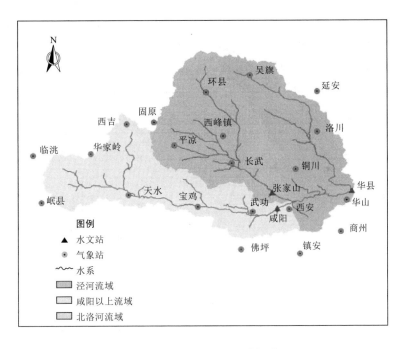

图 7.1　本章渭河子流域划分

本章的研究数据包括渭河流域咸阳、张家山、华县 3 个水文站（图 7.1）年最大洪峰流量资料（1960—2010 年）、日流量资料（1960 年 1 月 1 日—2010 年 12 月 31 日），21 个气象站点的日降水资料（1960—2010 年）及流域归一化植被指数 NDVI 数据集。

7.2　研究方法

7.2.1　洪水指标

为了研究渭河流域洪水时间序列的变化特征，本章定义了 8 个洪水指标，包括强度指标和时间指标，结果见表 7.1。其中，年最大洪峰流量（AFP）和年最大日均流量（AMF）是用来表征年洪水强度的指标；夏季最大日均流量（AMFS）和秋季最大日均流量（AMFA）都是用来描述季节性洪水的强度。指标 AFPD、AMFD、AMFSD 和 AMFAD 是用来研究流域洪水 AFP、AMF、AMFS 和 AMFA 发生的时间及变化趋势。需要说明的是：本章主要研究的是洪水洪水强度指标（为简单起见，将它们统称为洪水指标序列）的非一致性问题。

表 7.1　　　　　　　　　　　　　洪 水 指 标 定 义

序号	洪水指标符号	定　　义	单位
1	AFP	年最大洪峰流量	m^3/s
2	AMF	年最大日平均径流量	m^3/s
3	AMFS	夏季（6 月 1 日—8 月 31 日）最大日平均流量	m^3/s
4	AMFA	秋季（9 月 1 日—11 月 30 日）最大日平均流量	m^3/s
5	AFPD	年最大洪峰流量发生时间	d
6	AMFD	年最大日平均流量发生时间	d
7	AMFSD	夏季最大日平均流量发生时间	d
8	AMFAD	秋季最大日平均流量发生时间	d

7.2.2　西沃兹准则

本章采用基于西沃兹准则（SIC）的方法诊断渭河洪水时间序列的方差变异点。该方法属于随机分布模型参数识别法[114-115]。

给定一个独立的正态分布随机变量序列 $X = \{x_1, x_2, \cdots, x_n\}$，利用一个分割点 $r(10 \leqslant r < n-10)$ 将 X 分割成两部分，并按顺序从 x_{10} 移动到

x_{n-10}。在 r 点处，左子序列的均值和方差分别为 μ_1 和 δ_1，右子序列的均值和方差分别为 μ_2 和 δ_2。

原假设为

$$H_0 : \mu_1 = \mu_2, \delta_1^2 = \delta_2^2 \tag{7.1}$$

对应的假设为

$$H : \mu_1 = \mu_2, \delta_1^2 \neq \delta_2^2 \tag{7.2}$$

定义西沃兹信息准则 SIC 为 $-2\log L(\hat{\theta}) + p\log n$，其中 $L(\hat{\theta})$ 是模型的极大似然函数，p 是模型中自由参数的数量，n 是样本大小。西沃兹信息标准的计算公式如下：

$$\begin{cases} SIC(n) = n\log 2\pi + n\log \sigma^2 + n + \log n \\ SIC(r) = n\log 2\pi + r\log \sigma_1{}^2 + (n-r)\log \sigma_2{}^2 + n + 2\log n \\ S_{\max} = SIC(n) - \underset{1 < r < n}{\operatorname{Min}} SIC(r) \end{cases} \tag{7.3}$$

式中：$SIC(n)$ 为序列 X 的原始西沃兹信息；σ^2 为原序列的方差；$SIC(r)$ 为该序列在 r 处分割的西沃兹信息；$S_{\max}$ 为所有分割点（$10 \leqslant r \leqslant n-10$）中的最大西沃兹信息差。

在给定的显著性检验水平 α 下，可确定相应的临界值 $C(\alpha)$。如果 $S_{\max} > C(\alpha)$，则接受 H_1，认为序列 X 在 r 处存在方差变异点。否则，则认为该时间序列不存在方差变异点。只有当 $S_{\max} \leqslant C(\alpha)$ 或者切割得到的子序列长度小于给定的最小切割长度 l_0（通常取值 20）时，则切割迭代过程结束。

7.3 渭河流域洪水时间序列的非一致性

7.3.1 洪水发生时间和洪水流量的变化趋势

首先，统计流域洪水事件发生的时间及每个月发生的频次，结果如图 7.2 所示。

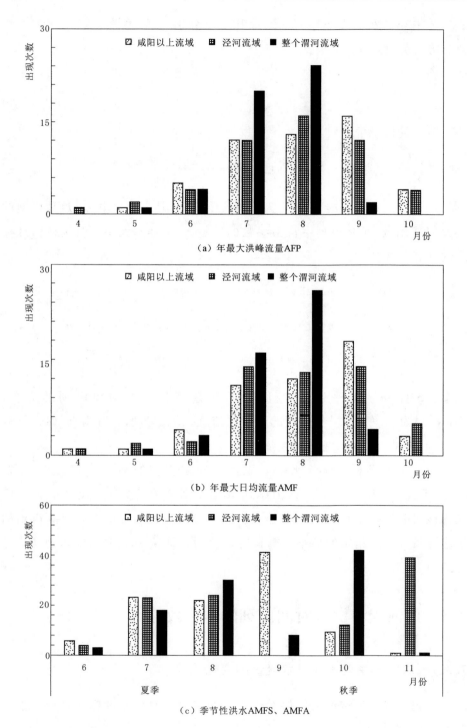

（a）年最大洪峰流量AFP

（b）年最大日均流量AMF

（c）季节性洪水AMFS、AMFA

图 7.2　渭河流域及其子流域年洪水事件和季节性洪水事件各月的发生频次

由图 7.2（a）和 7.2（b）可以看出：渭河两个子流域的 AFP 和 AMF 发生的时间多集中在 8、9 月。渭河全流域的 AFP 和 AMF 发生的时间主要集中在 7、8 月。由图 7.2（c）可以看出：渭河流域及其两个子流域的 AMFS 多发生在 8 月（>90%）。咸阳以上流域的 AMFA 通常发生在 9 月，泾河流域的 AMFA 一般发生在 11 月，整个渭河流域一般出现在 10 月。对比 4.4 节径流年内分配研究结果可知，渭河流域年洪水事件和季节洪水事件发生时间的多变性与流域年内降水分布不均有关。

然后，利用 MMK 趋势检验法，对渭河流域洪水事件的发生时间变化特点进行趋势检验，结果如图 7.3 所示。从图 7.3 中可以看出，渭河流域洪水事件的发生时间总体上表现出不显著的推迟延缓的趋势。具体如下。

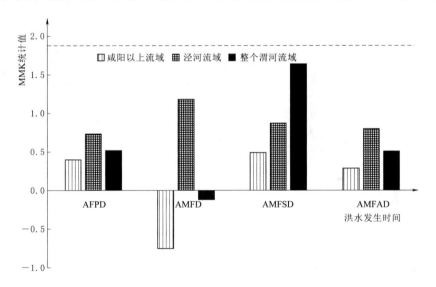

图 7.3 渭河流域及其子流域洪水时间指标的趋势检验结果
［虚线表示 95% 的显著性水平（即 ±1.96）］

（1）咸阳以上流域的 AFPD、AMFD、AMFSD 和 AMFAD 的 MMK 统计量分别为 0.40、-0.75、0.50 和 0.28。

（2）泾河流域的 AFPD、AMFD、AMFSD 和 AMFAD 的 MMK 统计量分别为 0.74、1.18、0.88 和 0.80。

（3）整个渭河流域的 AFPD、AMFD、AMFSD 和 AMFAD 的 MMK 统计量分别为 0.52、-0.11、1.63 和 0.50。

　　由此可见，渭河流域 AFP 和季节性洪水的发生时间均表现出了往后延迟的现象。对比之下，可以发现咸阳以上流域和渭河全流域 AMFD 的MMK 统计量都小于 0，这表明这两个区域 AMF 的发生时间都出现了提前发生的现象。

　　接着，分析渭河流域的洪水强度指标的变化特点。总的来说，渭河流域洪水流量波动显著，比如：咸阳以上流域 AMF 的变化范围为 $139\sim$ $12380\mathrm{m}^3/\mathrm{s}$，泾河流域 AMF 的变化范围为 $213\sim3730\mathrm{m}^3/\mathrm{s}$，渭河全流域 AMF 的变化范围为 $776\sim5130\mathrm{m}^3/\mathrm{s}$。利用 MMK 趋势检验法对渭河流域洪水强度指标的进行趋势检验，结果如图 7.4 所示。

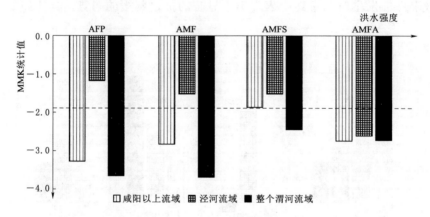

图 7.4　渭河流域及其子流域洪水强度指标的趋势检验结果
[虚线表示 95% 的显著性水平（即 ±1.96）]

由图 7.4 可以看出：

（1）咸阳以上流域的 AFP、AMF、AMFS 及 AMFA 的 MMK 统计量分别为 -3.27、-2.83、-1.87 和 -2.72，表明咸阳以上流域的洪水除 AMFS 外，其他洪水强度均呈显著减少趋势；

（2）泾河流域的 AFP、AMF、AMFS 和 AMFA 的 MMK 统计分别为 -1.16、-1.50、-1.51 和 -2.62，表明泾河流域的洪水除 AMFA 外，其他洪水强度均呈不显著减小的趋势；

（3）渭河全流域的 AFP、AMF、AMFS 和 AMFA 的 MMK 统计量分别为 -3.66、-3.69、-2.44 和 -2.71，表明在 95% 置信水平下，渭河全流域的洪水流量呈显著减小趋势。

7.3.2 洪水序列均值变异点诊断

采用 HS 法对渭河流域洪水指标序列的均值变异点进行诊断。显著性阈值 P_0 和最小分割长度 l_0 分别取为 0.95 和 25。基于 HS 法，对咸阳以上流域和泾河流域的 AMF 序列进行均值变异诊断，结果如图 7.5（a）和图 7.5（b）所示。

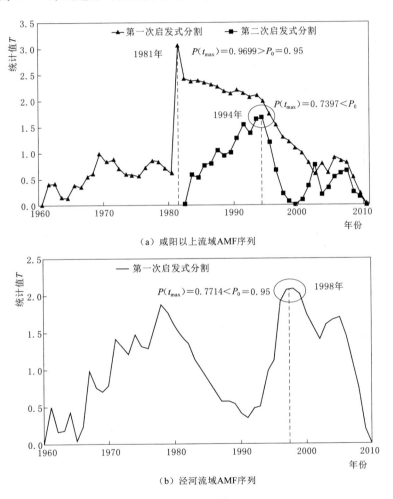

（a）咸阳以上流域AMF序列

（b）泾河流域AMF序列

图 7.5　咸阳以上流域和泾河流域的 AMF 序列的均值变异点识别

图 7.5（a）中三角形标注的实线表示的是第一次启发式分割过程。第一次最大统计量值 t_{max} 发生在 1981 年。因为相应的 $P(t_{max})=0.9699>P_0=0.95$，所以 1981 年是 AMF 序列的一个均值变异点。由于分割的子序列长度大于 25，因此分割过程继续。图 7.5（a）中的正方形标注的实线表

示的是第二次启发式分割过程。第二次最大值出现在 1994 年。但是，因为它对应的 $P(t_{max}) = 0.7397 < P_0 = 0.95$，所以 1994 年并不是咸阳以上流域年 AMF 序列的一个均值变异点。最后，第二次分割得到的子序列长度小于最小分割长度 l_0，分割过程结束。

图 7.5（b）展示的是泾河流域 AMF 序列的变异点识别过程。因为最大统计量值对应的 $P(t_{max}) = 0.7714 < P_0 = 0.95$，所以泾河流域的 AMF 序列不存在均值变异点。

同理，利用 HS 法，对渭河流域及其子流域的洪水指标序列进行均值变异点诊断，结果见表 7.2。由表 7.2 可知：①咸阳以上流域洪水指标序列均存在均值变异点：AFP（1984）、AMF（1981）和 AMFS（1981）；②泾河流域洪水指标序列均值变异点：AMFA（1977）；③渭河全流域洪水指标序列同样都存在均值变异点：AFP（1993）、AMF（1986）、AMFS（1994）和 AM-FA（1985）；④渭河流域指标序列变异点前后洪水序列均值差异显著。

表 7.2　　　　　　　　　渭河流域及其子流域洪水指标序列均值变异点

流　域	洪水指标	均值变异点	洪水序列均值/(m³/s)	
			变异点前	变异点后
咸阳以上流域	AFP	1984 年	**2869.84**（1960—1984 年）	**1517.58**（1985—2010 年）
	AMF	1981 年	**2353.14**（1960—1981 年）	**1157.41**（1982—2010 年）
	AMFS	—	—	—
	AMFA	1981 年	**1909.55**（1960—1981 年）	**722.35**（1982—2010 年）
泾河流域	AFP			
	AMF			
	AMFS	—	—	—
	AMFA	1977 年	**587.39**（1960—1977 年）	**221.82**（1978—2010 年）
渭河全流域	AFP	1993 年	**3320.47**（1960—1993 年）	**1932.22**（1994—2010 年）
	AMF	1986 年	**2963.56**（1960—1986 年）	**1751.37**（1987—2010 年）
	AMFS	1994 年	**2193.20**（1960—1994 年）	**1156.75**（1995—2010 年）
	AMFA	1985 年	**2374.12**（1960—1985 年）	**987.08**（1986—2010 年）

注　表中粗体字表示的变异点前后时间序列的均值，其后面的括号表示的是时间段，"—"表示不存在变异点。

7.3.3 洪水序列方差变异点诊断

由于 HS 法只能识别出时间序列的均值变异点，所以本节拟采用 SIC 方法诊断渭河流域洪水序列的方差变异点。取 SIC 法检验的置信水平 $1-\alpha$ 为 95%，则对应序列长度的临界值 $C(1-\alpha)=9.256$。

以泾河流域 AMF 序列为例，说明 SIC 法识别时间序列方差变异点的过程，结果如图 7.6 所示。

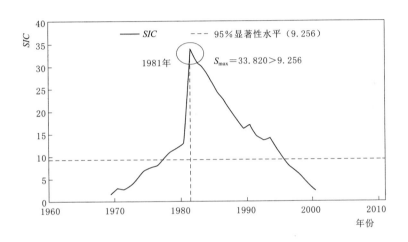

图 7.6 基于泾河流域的 AMF 序列方差变异点诊断

由图 7.6 可以看出，$SIC_{max}=33.820$ 出现在 1981 年，远大于 $C(1-\alpha)=9.256$。因此，1981 年是泾河流域 AMF 序列的一个方差变异点。由于切割的子序列长度不能同时满足最小切割长度 l_0 的取值要求，因此，变异点识别过程停止。

同理，利用 SIC 法得到渭河流域及其子流域的洪水指标序列的方差变异点，结果见表 7.3。由表 7.3 可知：①咸阳以上流域 AMF 和 AMFA 序列的方差变异点都为 1981 年；②泾河流域 AFP 序列在 1977 年出现了方差变异点，AMF 和 AMFS 序列都在 1996 年出现了方差变异，AMFA 序列则在 1981 年出现了方差变异；③渭河全流域 AMFS 和 AMFA 序列的方差变异点分别为 1993 年和 1985 年；④渭河流域洪水指标序列变异点前后的方差变化显著。

表 7.3　　　　　　　渭河流域及其子流域洪水指标序列方差变异点诊断

流　域	洪水指标	方差变异点	洪水序列方差/(m^6/s^2)	
			变异点前	变异点后
咸阳以上流域	AFP	—	—	—
	AMF	1981 年	**2355.72**（1960—1981 年）	**719.51**（1982—2010 年）
	AMFS	—	—	—
	AMFA	1981 年	**2473.81**（1960—1981 年）	**675.98**（1982—2010 年）
泾河流域	AFP	1977 年	**2053.53**（1960—1977 年）	**822.22**（1978—2010 年）
	AMF	1996 年	**871.58**（1978—2010 年）	**325.63**（1997—2010 年）
	AMFS	1996 年	**825.88**（1960—1996 年）	**319.03**（1997—2010 年）
	AMFA	1981 年	**632.54**（1960—1981 年）	**145.03**（1982—2010 年）
渭河全流域	AFP	—	—	—
	AMF	—	—	—
	AMFS	1993 年	**1119.96**（1960—1993 年）	**472.33**（1994—2010 年）
	AMFA	1985 年	**1405.54**（1960—1984 年）	**945.59**（1985—2010 年）

注　表中"—"表示不存在方差变异点及其对应的前后子序列方差；粗体字表示的变异点前后时间
　　序列的方差，其后面的括号表示的是时间段。

将表 7.2 和表 7.3 结合起来看，可以发现：渭河流域的洪水指标序列变异点的发生存在着集聚性。在空间上，洪水指标序列的均值变异点主要集中在咸阳以上流域和整个渭河流域，而方差变异点主要发生在泾河流域。这是由于干流上、下游水文站点间的洪水序列通常联系较为密切，且受支流的影响比较小。同时，这也反映出渭河流域干流上洪水强度大小出现了显著变化，而泾河流域洪水序列整体的离散程度出现了变异。在时间上，这些变异点发生时间主要集中在 20 世纪八九十年代。对比 4.4 节年径流变异点诊断结果可知，洪水序列变异点在 20 世纪 90 年代出现的变异与年径流序列在 20 世纪 90 年代出现的变异点基本一致。

7.3.4　洪水序列均值和方差变异点的影响对比

为了表明方差变异点识别的重要性，本节拟探讨洪水序列中的均值变异点和方差变异点对水文频率分析的影响，并着重对比分析设计洪水值的差异。

以存在均值变异、不存在方差变异的咸阳以上流域 AFP 序列和不存在均值变异、存在方差变异的泾河流域 AFP 序列为例进行分析。基于 Pearson Ⅲ 理论分布曲线，分别采用非一致性 AFP 序列及变异点前后 AFP 序列，估算不同频率下的设计洪水，结果如图 7.7 所示。

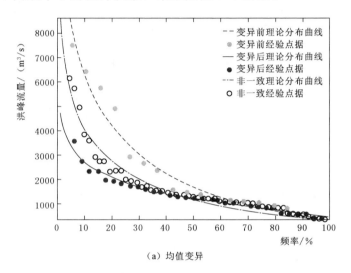

（a）均值变异

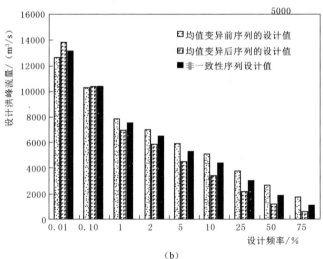

（b）

图 7.7（一） 基于非一致 AFP 序列、变异点前的 AFP 序列和变异点后的 AFP 序列的理论分布曲线和不同频率下的洪峰设计值

注 （a）和（b）是出现均值变异点的 AFP 序列，（c）和（d）是出现方差变异点的 AFP 序列。

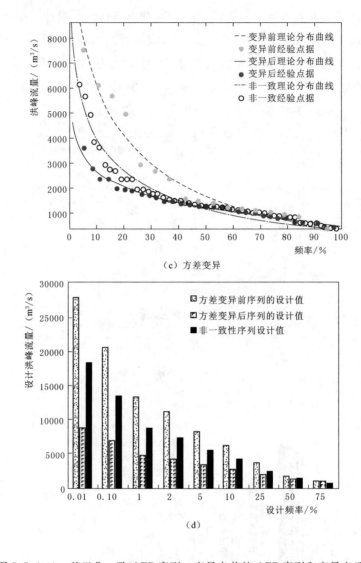

（c）方差变异

（d）

图 7.7（二）　基于非一致 AFP 序列、变异点前的 AFP 序列和变异点后的
AFP 序列的理论分布曲线和不同频率下的洪峰设计值

注　（a）和（b）是出现均值变异点的 AFP 序列，（c）和（d）是出现方差变异点的 AFP 序列。

其中，图 7.7（a）和图 7.7（c）表示的是频率分布曲线。图 7.7（b）和图 7.7（d）表示的是不同频率下的洪峰设计值。不同形状的曲线和柱状图分别表示的是基于非一致 AFP 序列、变异前 AFP 序列及变异后 AFP 序列得到的理论分布曲线和不同频率下的洪峰设计值。

图 7.7 (a) 和图 7.7 (c) 分别表示的是基于均值变异 AFP 序列和基于方差变异 AFP 序列得到的理论分布曲线。由图 7.7 (a) 和图 7.7 (c) 可以看出，基于非一致 AFP 序列及变异点前后的 AFP 序列得到的理论分布曲线形状存在着显著的差异：①当设计频率值 $f<50\%$ 时，虚线表示的变异点前的理论分布曲线通常在最上方，点划线表示的非一致理论分布曲线通常在中间，而实线表示的变异点后的理论分布曲线通常在最下方；②随着设计频率不断增加，虚线和实线表示的理论分布曲线往往接近，而点划线表示的理论曲线往往在最下方。

图 7.7 (b) 表示的是基于均值变异的 AFP 序列得到的设计洪峰流量。由图 7.7 (b) 可知：①如果设计洪水的频率值 $f<1\%$，则基于变异点前的 AFP 序列得到的设计洪水量将大于基于非一致 AFP 序列和基于变异点 AFP 序列得到的设计洪峰流量；②如果设计洪水的频率值 $f>1\%$，则情况相反；③如果采用均值变异点前的 AFP 序列进行水文频率分析，则设计洪水值将过大，从而导致水利工程投资过剩。如果采用均值变异后的 AFP 序列进行水文频率分析，则设计洪水值将偏小，进而增加了水利工程的防洪风险。

图 7.7 (d) 表示的是基于方差变异的 AFP 序列及方差变异点前后 AFP 序列得到的设计洪峰流量。由图 7.7 (d) 可知：①基于方差变异点前 AFP 序列得到的设计洪峰流量最大，而基于方差变异点后 AFP 序列得到的设计洪峰流量最小；②当设计洪水频率值 $f<2\%$ 的时候，基于变异点前（或变异点后）AFP 序列得到的设计洪峰流量与基于非一致 AFP 序列得到的设计洪峰流量之间的差异达到了后者的 50% 以上。

最后将图 7.7 (b) 和图 7.7 (d) 结合起来看可以发现：水文频率分析计算时，方差变异点给设计洪水值带来的误差要远大于均值变异点带来的误差。由此可见，在处理水文时间序列非一致性问题时，不应忽视水文序列中可能存在的方差变异点，否则将给流域水资源管理和水利工程安全带来巨大的安全隐患。

7.4 洪水指标序列非一致性产生的原因探讨

一般情况下，降水是影响流域洪水径流演变主要气候因子。为了探讨变化环境下渭河流域洪水序列非一致性产生的原因，本节针对这两个子流域及渭河全流域的年最大 1 日降水量 RX1day 及年最大 3 日降水量 RX3days 进行变异分析[116]。首先，统计出它们各自对应的年最大 1 日降水量 RX1day 及年最大 3 日降水量 RX3days，结果如图 7.8 所示。

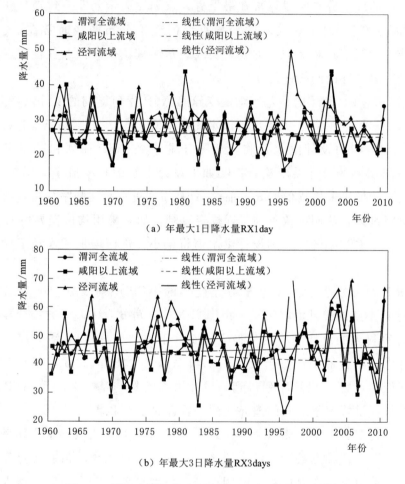

（a）年最大1日降水量RX1day

（b）年最大3日降水量RX3days

图 7.8　渭河流域及其子流域 RX1day、RX3days 序列

由图 7.8 可知，渭河流域及其子流域 RX1day 和 RX3days 序列均呈线性减小趋势。

其次，采用 MMK 趋势检验法，对渭河流域及其子流域 RX1day 和 RX3days 序列的变化趋势进行分析，结果如图 7.9 所示。由图 7.9 可知，渭河流域及其子流域 RX1day 和 RX3days 序列的变化趋势均不显著。

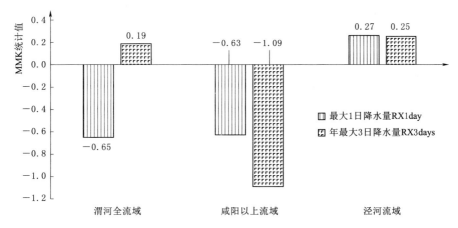

图 7.9 渭河流域及其子流域 RX1day 和 RX3days 序列的趋势检验结果

最后，采用 HS 法和 SIC 法，分别识别渭河流域及其子流域 RX1day 和 RX3days 序列的均值、方差变异点，结果见表 7.4。由表 7.4 可知，渭河流域及其子流域的 RX1day 和 RX3days 序列均不存在变异点，仍满足一致性假设。该结果与 4.2 节年降水序列未出现变异以及第 5 章仅上游地区极端降水序列出现变异的结果相符。由此可见，渭河流域洪水序列的变异并不是降水变异导致的，也就是说气候因素不是渭河流域洪水序列变异的主要因素。

表 7.4 渭河流域及其子流域 RX1day 和 RX3days 序列的变异诊断

流 域	降水指标	均 值 变 异 点			方 差 变 异 点		
		t_{max} 出现时间	对应的 $P(t_{max})$	变异点	S_{max} 出现时间	对应的 $SIC(r)$	变异点
咸阳以上流域	RX1day	2003 年	0.28	—	2001 年	−1.13	—
	RX3days	1969 年	0.65	—	1996 年	2.20	—
泾河流域	RX1day	1998 年	0.49	—	1995 年	9.05	—
	RX3days	2009 年	0.67	—	1995 年	1.16	—
渭河全流域	RX1day	2009 年	0.58	—	2000 年	1.73	—
	RX3days	2009 年	0.89	—	2000 年	2.38	—

注 表中"—"表示不存在变异点。

人类活动的影响包括下垫面的变化、森林植被的变化、水利工程的兴建及调蓄作用对渭河流域洪水序列的变异有重要贡献。

（1）由第 2 章可知，渭河流域从 20 世纪 50 年代开始大规模的修建水利工程，在 20 世纪 70 年代水库的修建达到了鼎盛时期。渭河流域重要的大中型水库见表 7.5。这些工程在防洪、灌溉、供水及发电等方面发挥了巨大的作用，并最终导致了渭河流域洪水序列出现了变异。

表 7.5　　　　　　　　　渭河流域重要大中型水库

省（自治区）	序号	水库名称	河流水系	控制面积 /km²	工程规模
宁夏回族自治区	1	张家咀头水库	葫芦河	375	中型
	2	夏寨水库	葫芦河	492	中型
	3	店洼水库	茹河	359	中型
	4	马莲水库	葫芦河	241	中型
甘肃省	1	巴家咀水库	蒲河	3522	大（2）型
	2	锦屏水库	散渡河	191	中型
陕西省	1	冯家山水库	千河	3232	大（2）型
	2	羊毛湾水库	漆水河	1100	大（2）型
	3	石头河水库	石头河	673	大（2）型
	4	石砭峪水库	石砭峪河	132	中型
	5	信邑沟水库	美阳河	220	中型
	6	郑家河水库	淤泥河	73	中型
	7	林皋水库	白水河	330	中型
	8	东风水库	雍水河	365	中型
	9	福地水库	五里镇河	120	中型
	10	沋河水库	沋河	710	中型
	11	段家峡水库	千河	634	中型
	12	石堡川水库	盘曲河	820	中型
	13	拓家河水库	仙姑河	295	中型
	14	零河水库	零河	270	中型
	15	玉皇阁水库	赵氏河	178	中型
	16	白荻沟水库	横水河	234	中型
	17	老鸭嘴水库	莫谷河	245	中型

有必要指出：咸阳以上流域 AMF 和 AMFA 序列都在 1981 年出现了均值变异点和方差变异点。查找相关资料可知，1981 年渭河流域在宝鸡断面以上发生了一次严重的洪水灾害（由图 7.1 可知，宝鸡断面属于咸阳以上流域），咸阳站洪峰流量高达 $6210\text{m}^3/\text{s}$[117]，是该站洪峰流量多年均值的 2.84 倍，最小洪峰流量值的 32.85 倍。研究表明，冯家山水库、羊毛湾水库及石头河在 1981 年共削减咸阳站洪峰流量 $1852\text{m}^3/\text{s}$，拦蓄洪量 1.09 亿 m^3[118]，明显地降低了洪灾危害。由此可见，水利工程可通过拦蓄洪水、削减洪峰洪量，导致洪水序列出现变异点，表现出非一致性。

（2）由 3.5 节可知，渭河流域实施了一系列的水土保持措施减少水土流失。研究表明，淤地坝和坡面治理在减少径流方面的作用最显著[112,118]。图 7.10 分别表示泾河流域、渭河干流 1969—2006 年淤地坝的数量变化。由图 7.10 可知，泾河流域的淤地坝数量在 20 世纪 90 年代后增长率要显著大于渭河干流的增长率。截至 2006 年，泾河流域淤地坝数量为 52 个，大于渭河干流的 36 个。淤地坝拦沙滞水的作用延长了产汇流的时间[112]，增加了入渗量，从而达到了减少洪量、削减洪峰的目的。平缓的出流过程表现在洪水序列中则为方差变小、离散化程度减少[112]，最终出现方差变异点，表现出非一致性。

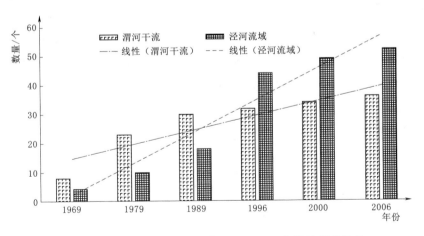

图 7.10　泾河流域、渭河干流 1969—2006 年淤地坝的数量

由此可见，水利工程的调蓄及水土保持措施的开展，导致渭河流域干流洪水序列出现均值变异，而支流泾河流域洪水序列出现方差变异点。

（3）由 3.5 节可知，渭河流域植被覆盖指数 NDVI 呈明显的增长趋势。植被覆盖的变化通常会影响流域产汇流过程。图 7.11 表示的渭河流域及其子流域在 1982—2010 年间的年均植被覆盖指数 NDVI 序列，其 MMK 趋势检验值分别为 2.95、3.25 和 3.45。由此可见，渭河流域及其子流域年均植被覆盖指数 NDVI 在 95％的置信水平上呈显著增长趋势。

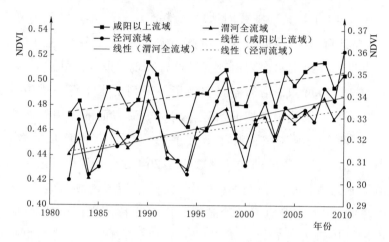

图 7.11　渭河流域及其子流域在 1982—2010 年间的年均植被覆盖指数 NDVI 序列

　　为了进一步揭示植被覆盖对渭河流域洪水序列变化的作用，分别计算渭河流域及其子流域年均 NDVI 序列与年洪水序列（AFP 和 AMF）的 Spearman 相关系数，结果见表 7.6。由表 7.6 可知，渭河流域及其子流域的 NDVI 序列与年洪水序列均呈负相关。其中，渭河全流域的 NDVI 序列与年洪水序列的 Spearman 相关系数通过了 99％置信水平的检验，呈显著负相关性。由此可见，流域天然防护林的建设、退耕还林还草等生态修复工程的实施对流域洪水强度的变化也具有一定的影响。

表 7.6　　　　两个子流域及渭河全流域年均植被覆盖指数 NDVI 及

年洪水序列的 Spearman 相关系数

流　域	年最大洪峰流量 AFP	年最大日均流量 AMF
咸阳以上流域	−0.23	−0.20
泾河流域	−0.11	−0.05
渭河全流域	**−0.52****	**−0.49****

注　粗体 ∗∗ 表示相关系数通过 99％置信水平的检验。

综上所述，流域下垫面的变化、水利工程的兴建及调蓄作用是导致渭河流域洪水序列出现变异的直接原因。水利工程的调蓄及水土保持措施的开展，导致渭河流域干流洪水序列多出现均值变异点，而支流泾河流域洪水序列多出现方差变异点。

7.5 本章小结

本章主要针对渭河流域的极端径流之一的洪水序列展开了非一致研究。首先，本章从趋势、均值变异点和方差变异点三个方面，系统地研究了渭河流域洪水时间序列的一致性。然后，对比分析了洪水序列中均值变异点和方差变异点对水文频率分析造成的影响，表明了方差变异点诊断的重要性。最后，探讨了导致渭河流域洪水非一致性产生的可能原因。主要结论如下：

（1）渭河流域年最大洪峰流量和季节性洪水的发生时间均表现出了往后延迟的现象，咸阳以上流域和整个渭河流域年最大日均流量的发生时间呈不显著提前发生趋势。流域内洪水流量强度波动明显，咸阳以上流域及整个渭河流域的洪水强度均呈显著下降趋势。

（2）渭河流域的洪水序列变异点的发生存在着集聚性。在空间上，洪水指标序列的均值变异点主要集中在咸阳以上流域和整个渭河流域，方差变异点则主要发生在泾河流域；在时间上，这些变异点发生时间主要集中在 20 世纪八九十年代。

（3）非一致洪水序列将给流域防洪管理带来了更多的不确定性。基于非一致 AFP 序列及变异点前后的 AFP 序列，得到的理论分布曲线形状和设计洪峰值的大小均存在着显著的差异，在洪峰设计中引入了不可避免的误差。这种误差在有方差变异点的 AFP 序列中表现更为显著。由此可见，在处理水文时间序列非一致性问题时，不应忽视水文序列中可能存在的方差变异点。

（4）流域下垫面的变化、森林植被的变化、水利工程的兴建及调蓄作用是导致渭河流域洪水序列出现变异的直接原因。水利工程的调蓄及水土保持措施的开展，导致渭河流域干流洪水序列多出现均值变异点，而支流泾河流域洪水序列多出现方差变异点。

第8章 渭河流域枯水序列非一致性 及其与气候因子的尺度相关性分析

枯水，即河道流量最小、水位最低的情况，通常是指无雨或少雨时期的河川径流。又称低水，是水文学中最重要的研究方向之一[119-123]。一般来说，枯水的变化主要受气候因素和非气候因素的双重作用。其中，气候水文因素往往包括：海洋-大气环流模式、降水、土壤湿度，潜在蒸散发等。非气候因素往往包括：流域特征、土地覆盖、城市化、人类活动取用水等[123-125]。在枯水季节，枯水径流量的大小和枯水期的长短，不仅会影响流域供水功能（如灌溉、发电、航运、工业用水和城市供水等），还会影响流域的水质状况及流域水生生态系统[126-127]。

研究表明，受气候变化和人类活动的影响，枯水径流量的脆弱性，通常要比平均径流量和高径流量的脆弱性更显著[123]。因此，枯水的研究越来越受到人们的关注。目前，枯水的研究主要集中在这几个方面：枯水径流变化的主要影响因素、枯水频率分析、枯水径流的计算及预报[128-132]。虽然，这些研究加深了人们对枯水的理解和认识。但是，研究枯水时间序列非一致性，识别枯水径流序列变异特征的研究并不多。

在生产实践中，枯水径流作为极端径流的一种形式，在流域水资源管理和配置中非常重要。例如，进行水利工程规划设计时，掌握流域枯水期径流过程的概率特性，是非常必要的基础性工作。流域枯水径流量的大小及其变化特性，直接影响到区域取用水量的安全保证、规划和设计工作。典型流域的设计枯水径流量保证率，与流域河道通航、城乡供水、水电厂与火电厂设计及运行和生态环境保护密切相关[128]。因此，研究典型流域枯水序列的非一致性就显得尤为重要。

此外，非平稳时间序列中往往包含不同的周期成分，例如季节变化、短期波动和长期波动[133-135]。这些周期成分能够提供多时间尺度下的信息，从而有助于进一步地了解和认识时间序列的变化特性和规律[136]。比如，Nalley 等的研究表明，加拿大魁北克省和安大略省南部月平均气温的增加趋势，主要是受月平均气温时间序列中 2～4 个月的高频周期成分的影响；年平均气温的变化则受到年平均气温时间序列中 8～16 年周期性成分的影响[137]。Liu 和 Menzel 的研究表明，德国西南部月降水数据的显著性变化趋势主要受月降水时间序列中 2～4 个月的周期成分影响；月平均气温的显著性变化趋势的主要是月平均气温时间序列中 4 个月周期成分的影响[134]。Joshi 等的研究表明：印度的气象干旱指标的变化趋势，主要受干旱指标时间序列中短周期（2～8 年）和代际（16～32 年）周期的影响[138]。

但是，目前很少有人研究枯水径流主导周期成分的变异特征。这些信息有助于更好地了解和认识枯水径流序列内在结构、性质、变化特性及对其变化环境的响应。因此，本章的主要研究目标如下。

（1）从变化趋势和变异点的角度，研究渭河流域的枯水径流序列非一致性。

（2）确定导致枯水径流产生趋势或者变异点的主导周期成分。

（3）探讨枯水径流序列非一致性的原因及枯水径流变化带来的影响。

8.1 研究数据

由于枯水季节往往出现在春冬两季，即存在跨年度的现象，因此对枯水的研究多采用水文年[139]。本章中，根据相关研究确定：渭河流域的水文年从 6 月 1 日开始到次年的 5 月 31 日结束，流域的枯水期为 12 月 1 日到次年的 4 月 30 日[140]。

本章的研究数据包括：渭河流域咸阳、张家山、华县三个水文站（图 7.1）的日径流资料（1960—2010 年）。同第 7 章研究洪水非一致性一样，本章的研究区域为咸阳以上流域、泾河流域及整个渭河流域。

为了辨识渭河流域枯水径流变化的原因，本章利用收集到的 21 个气象站的日降水量、风速、气温、日照时数、蒸气压、相对湿度和绝对蒸气压等数据，基于 Penman - Menteith 公式，得到了相关流域的潜在蒸散发量 PET。同时，还收集了渭河流域月尺度上的土壤湿度数据、流域不同水土保持措施（例如植草、造林、淤地坝等）和灌溉信息的数据。

8.2　研究方法

8.2.1　枯水径流指标

本章在日、月、季三个时间尺度上，主要定义了 4 个指标研究渭河流域枯水径流变化，见表 8.1。其中，最小 1 日径流量（AM1）、最小 7 日径流量（AM7）是研究枯水径流最常用的日时间尺度指标，最小月径流量（AMM）和枯水期平均径流量（AFD）的变化趋势可以为枯水期流域水资源管理提供有效参考信息。

表 8.1　　　　　　　　　　　　　枯 水 指 标 定 义

指标符号	定　　　　义
AM1	水文年（6 月 1 日到次年的 5 月 31 日）中最小 1 日径流量
AM7	水文年中最小 7 日径流量
AMM	水文年中最小月平均径流量
AFD	枯水期（12 月 1 日到次年的 4 月 30 日）平均径流量

8.2.2　离散小波变换法

利用离散小波变换（DWT）法对枯水径流指标序列进行分解，可得到不同时间尺度上的小波系数。这些小波系数是枯水径流指标序列在不同时间尺度和空间尺度上的投影，有助于了解枯水径流序列的内在结构、性质、变化特征及对其变化环境的响应。

本章拟采用 DWT 法分解渭河流域枯水径流指标序列，以识别渭河流域枯水径流变化的主要周期成分。先将枯水径流指标序列分解成一组细节分量（Ds）和近似分量（A），再进行分析和判断。其中，细节分量（又称噪声）表示的是原始信号的高频成分，主要由随机成分构成，对应于不同时间尺度的周期成分。近似分量（又称残差）表示的是原始信号的低频成分，主要是原始信号的确定性成分，反映的是原始序列的主要变化特征[136-137,141]。

利用 DWT 法分解时间序列时，第一个需要解决的问题是母小波函数的选择。同一个时间序列，选用的小波函数不同，分解结果差异往往较大。在众多小波函数中，Daubechies（db）小波系简便、正交且紧支撑，是常用的离散小波分解函数[136-137,142]。因此，本章选择 Daubechies（db）小波作为母小波函数。db 小波系中有 db1～db10 共 10 个小波函数，考虑到消失距和滤波器长度，本章拟从 db4～db8 中挑选出合适的小波分解函数。

分解过程中第二个需要解决的问题是小波分解层数的确定。以往的研究表明，一个时间序列的最大分解层数见式（8.1）[134,141]。

$$L = \frac{\log \dfrac{n}{2k-1}}{\log 2} \qquad (8.1)$$

式中：L 为最大的分解层数；k 为 db 小波的消失矩数；n 为时间序列的长度。

由于计算机一般使用二进制离散处理连续的小波及其小波变换离散化，所以 n 实际上是给定的时间序列长度最接近的 2 次幂[138]。比如本章中枯水径流序列长度为 51 年，则最接近该时间序列的 2 次幂为：$2^6 = 64$。即本文中 n 实际的取值为 64。

根据选定的 db4～db8 小波函数，按照式（8.1），可知本书中最大分解层数 $L \in [2.1，3.2]$。因此，本章拟分解的层数为三层或四层。采用两个标准确定最终的分解层数和具体的小波函数的类型[136-138,143]。

第一个是分解得到的近似分量（A）时间序列和原始时间序列之间的平均相对误差（MRE），见式（8.2）。

$$MRE = \frac{1}{n} \sum_{j=1}^{n} \frac{|a_j - x_j|}{|x_j|} \qquad (8.2)$$

式中：n 为给定的时间序列的长度；x_j 为原始序列；a_j 为分解出来的近似分量。

第二个是分解得到的近似分量（A）与原始序列的 MMK 统计量之间的相对误差（RE），见式（8.3）[136-137]。

$$RE = \frac{|Z_A - Z_x|}{Z_x} \tag{8.3}$$

式中：Z_A 为近似分量的 MMK 统计值；Z_x 为原始时间序列的 MMK 统计值。

　　基于上述两个标准，通过对比分析发现，本章中枯水时间序列 AM1、AM7、AMM 和 AFD 在采用 db4 作为母小波函数、分解层数为三层的时候，*MRE* 和 *RE* 的值较小。因此，最终取得采用 db4 小波函数对流域年枯水径流序列进行三层分解，得到一系列的近似分量（A）和细节分量（Ds）。

　　为了确定时间序列中趋势产生的主导周期，首先分别计算近似分量 A、细节分量 Ds、近似分量与每个细节分量之和（Ds＋A）的 MMK 统计量。然后，将这些 MMK 统计值与原始序列的 MMK 趋势值进行对比，判断出最接近原始序列的 MMK 统计值对应的成分，也就得到了趋势产生的主导周期成分。类似地，首先采用 HS 法识别原始枯水径流序列中的变异点，再用启发式分割方法识别 Ds，A 和（Ds＋A）系列中的变异点，最后将这些变异点与原始时间序列中的变异点进行比较，确定枯水径流序列出现变异点的主导周期成分。具体过程如图 8.1 所示。

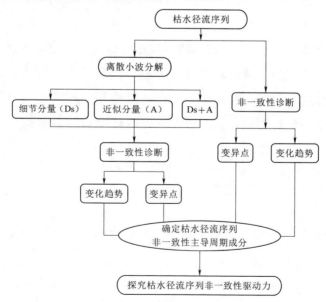

图 8.1　基于 DWT 法的枯水径流序列非一致性主导周期成分

8.2.3 Pearson 相关系数

为了从区域气候变化的角度确定渭河流域枯水径流序列变化的驱动因素，采用 Pearson 相关系数法研究流域枯水径流序列与流域气候水文因子——降水、潜在蒸散发 PET、土壤湿度（年尺度和枯水期）之间的关系。其计算公式为

$$r = \frac{\sum XY - \dfrac{\sum X \sum Y}{n}}{\sqrt{\left(\sum X^2 - \dfrac{(\sum X)^2}{n}\right)\left(\sum Y^2 - \dfrac{(\sum Y)^2}{n}\right)}} \tag{8.4}$$

式中：X、Y 分别为长度为 n 的两个时间序列，本章中分别指的是枯水径流序列和气候因子时间序列；r 为它们之间的相关系数。

此外，Pearson 相关系数也用来研究流域枯水径流序列与相关气候因子间的尺度相关性，即分析枯水径流序列的不同分解成分和气候因子间的相关性，探讨气候因子是如何影响枯水径流序列变化的。

8.3 渭河流域枯水径流序列非一致性

8.3.1 枯水径流序列变化趋势

首先，绘制出渭河流域及其子流域（同第 7 章子流域划分）1960—2010 年枯水径流序列，结果如图 8.2 所示。由图 8.2 可知，渭河流域及其子流域的枯水径流指标的时间序列都呈减小趋势。

其次，采用 MMK 趋势检验法，对渭河流域及其子流域的 4 个枯水指标序列进行趋势检验，结果如图 8.3 所示。

由图 8.3 可知，渭河流域及其子流域的枯水径流指标序列都呈下降趋势。具体如下：

（1）在咸阳以上流域，AM1、AM7、AMM 和 AFD 序列的 MMK 统计量分别为 -1.84，-2.01，-2.92 和 -4.19。由此可见，咸阳以上流域除了年最小 1 日径流量 AM1 外，其他枯水径流指标都在 95% 的置信水平上呈现减少趋势。

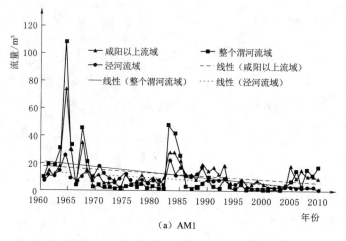

（a）AM1

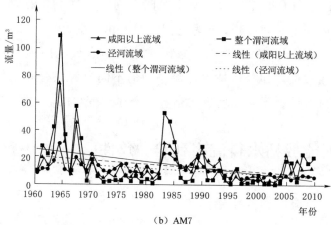

（b）AM7

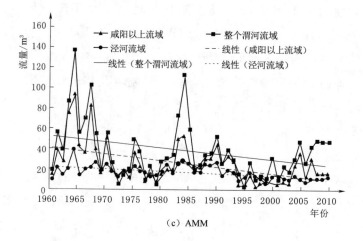

（c）AMM

图 8.2（一）　渭河流域及其子流域枯水径流时间序列

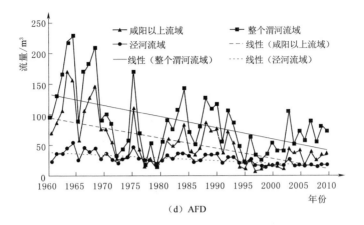

（d）AFD

图 8.2（二） 渭河流域及其子流域枯水径流时间序列

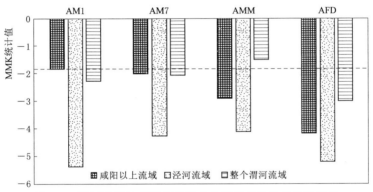

图 8.3 渭河流域及其子流域枯水径流指标的趋势检验结果
注 虚线表示 95% 的置信水平。

（2）在泾河流域，这 4 个枯水指标的 MMK 统计值分别为 -5.40，-4.26，-4.13 和 -5.20，这表明泾河流域的枯水径流量在 99% 的置信水平下显著减少。

（3）在整个渭河流域，这些枯水指标的 MMK 统计值分别为 -2.29，-2.10，-1.51 和 -3.01，这表明除 AMM 序列之外，其他枯水径流指标序列在 95% 置信水平下都呈显著减小趋势。

总体来看，泾河流域枯水径流指标序列的 MMK 统计值最小，减小趋势最显著。在咸阳以上流域和整个渭河流域，AFD 序列的减小趋势要大于其他枯水径流指标序列，这表明整个渭河流域在枯水期水资源的短缺现象还是比较严重的，需要进行合理的水资源配置。

8.3.2   枯水径流序列变化趋势的主导周期成分

为了识别导致枯水径流出现变化趋势的主要周期成分，采用 DWT 法对每个枯水径流指标进行三层分解。以咸阳以上流域 AM1 序列为例说明其分解过程，结果如图 8.4 所示。

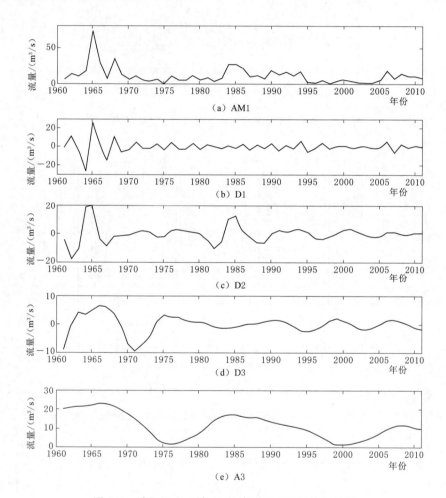

图 8.4   咸阳以上区域 AM1 序列的 DWT 分解结果

由图 8.4 可知，DWT 法将 AM1 序列分解为三个细节分量（D1~D3）和一个近似分量（A3）。由于 DWT 法的分解结果是对连续小波变换的尺度、位移按照 2 的幂次进行离散化得到的，所以其中的细节分量，D1、D2和 D3 分别对应于 2 年、4 年和 8 年的周期。A3 表示的原始 AM1 序列的近似分量。

同理，利用DWT法对渭河流域及其子流域的4个枯水径流指标序列进行分解，得到一组细节分量和近似分量。采用MMK趋势检验法对得到的近似分量（A）、细节分量（Ds）、近似分量与每个细节分量之和（Ds＋A）的时间序列进行趋势检验。将这些MMK统计值与原始枯水径流指标序列的MMK统计值进行对比，找出最接近原始指标序列的MMK统计值对应的成分，即产生趋势的主导周期成分，结果见表8.2。

表 8.2　渭河流域及其子流域的枯水径流指标序列和分解成分的趋势检验结果

流　域	时间序列	AM1	AM7	AMM	AFD
咸阳以上流域	原始序列	−1.84	−2.01	−2.92	−4.19
	D1	0.36	0.60	0.57	0.03
	D2	1.12	0.71	0.96	1.25
	D3	−1.49	−1.45	−0.76	−0.42
	A3	−4.04	−4.14	−4.82	−5.25
	D1＋A3	**−2.42**	**−2.24**	**−3.82**	−5.21
	D2＋A3	−2.55	−2.62	−4.04	**−4.95**
	D3＋A3	−3.05	−3.15	−4.47	−5.34
泾河流域	原始序列	−5.40	−4.26	−4.13	−5.20
	D1	0.55	0.41	0.31	0.21
	D2	1.67	0.97	1.01	0.80
	D3	−0.19	−0.05	0.16	−0.63
	A3	−2.21	−5.49	−5.39	−7.26
	D1＋A3	−5.60	**−4.50**	−4.63	**−6.22**
	D2＋A3	**−5.36**	−4.81	**−4.45**	−6.29
	D3＋A3	−6.45	−5.00	−5.33	−6.97
渭河全流域	原始序列	−2.29	−2.08	−1.51	−3.01
	D1	0.36	0.26	0.31	0.15
	D2	0.54	0.65	0.75	1.32

续表

流 域	时间序列	AM1	AM7	AMM	AFD
渭河全流域	D3	−1.48	−1.23	−0.65	−0.50
	A3	−3.38	−3.35	−3.40	−4.68
	D1+A3	−2.01	−2.37	−2.68	−4.24
	D2+A3	−2.00	**−1.90**	**−2.29**	**−3.77**
	D3+A3	**−2.52**	−3.01	−2.75	−4.11

注 粗体字表示对趋势产生的主导周期成分。

由表 8.2 可知：①尽管枯水径流指标的原始序列和近似分量 A3 的 MMK 统计值都是负值，但是分解得到的细节分量（D1～D3）的趋势检验值既有正值也有负值；②D1（2 年周期成分）和 D2（4 年周期成分）序列的 MMK 统计值往往都是正的，D3（8 年周期成分）序列的 MMK 统计值通常是负值，且它们的变化趋势均不显著。由此可见，细节分量的变化趋势并不总是和原始时间序列的变化趋势一致；③当把近似分量 A3 和不同的细节分量 Ds 相加得到 Ds+A3 的组合时，这些时间序列表现出与它们原始指标序列一致的变化趋势；④将 Ds+A3 组合序列的 MMK 统计值与原始指标序列的 MMK 统计值进行对比，找出接近值最接近的组合。结果发现，组合 D1+A3 或 D2+A3 的 MMK 统计值往往比较接近原始指标序列的 MMK 统计值。由此可见，渭河流域枯水径流指标序列（AM1，AM7，AMM 和 AFD）变化趋势的产生主要受到高频成分（2 年和 4 年周期成分）的影响。

8.3.3 枯水径流序列变异点诊断

采用 HS 法对渭河流域及其子流域的枯水径流指标序列进行变异点诊断，显著性阈值 P_0 和最小分割长度 l_0 分别取为 0.95 和 25。

咸阳以上流域 4 个枯水径流指标序列的变异点诊断结果如图 8.5 所示。由该图可知，咸阳以上流域的枯水径流指标序列都诊断出了变异点，一致性假设遭到了破坏。

同理，利用 HS 法对渭河流域及其子流域的枯水径流指标序列进行变异点诊断，结果见表 8.3。

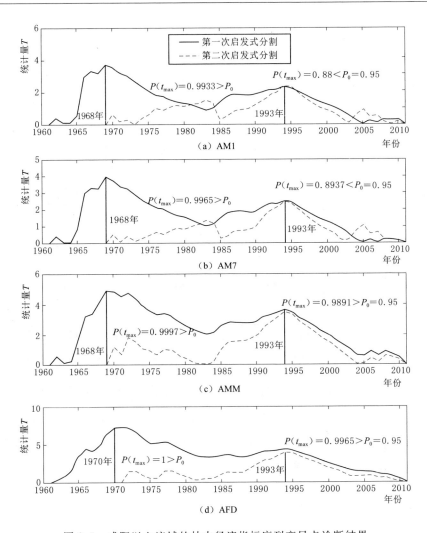

图 8.5 咸阳以上流域的枯水径流指标序列变异点诊断结果

表 8.3　　　　渭河流域及其子流域枯水径流指标序列变异点诊断

流域	枯水径流指标	变异点	枯水径流序列均值/(m³/s)	
			变异点前	变异点后
咸阳以上流域	AM1	1968 年	22.77（1960—1968）	8.73（1969—2010）
	AM7	1968 年	22.62（1960—1969）	10.50（1969—2010）
	AMM	1968 年，1993 年	49.37（1960—1968）	25.22（1969—1993）
			25.22（1969—1993）	12.46（1994—2010）
	AFD	1970 年，1993 年	22.77（1960—1970）	8.73（1971—2010）

流域	枯水径流指标	变异点	枯水径流序列均值/(m³/s)	
			变异点前	变异点后
泾河流域	AM1	1993 年	10.33（1960—1993）	2.19（1994—2010）
	AM7	1993 年	13.47（1960—1993）	5.66（1994—2010）
	AMM	1993 年	20.02（1960—1993）	11.36（1994—2010）
	AFD	1969 年，1993 年	37.70（1960—1969）	29.63（1970—1993）
			29.63（1970—1993）	18.50（1994—2010）
渭河全流域	AM1	1968 年	22.77（1960—1968）	8.73（1969—2010）
	AM7	1969 年	34.89（1960—1969）	9.28（1970—2011）
	AMM	1968 年	68.89（1960—1968）	30.91（1969—2010）
	AFD	1969 年	157.37（1960—1969）	69.54（1970—2011）

注　表中粗体字表示的变异点前后时间序列的均值，其后面的括号表示的是时间段。

由表 8.3 可知：渭河流域及其子流域的枯水径流指标序列的变异点主要集中在 20 世纪 60 年代后期、20 世纪 70 年代前期和 20 世纪 90 年代前期。对比变异点前后指标序列的均值差异结果可以发现，变异点后的枯水径流指标的均值显著减少。再对比第 3 章可以发现，枯水径流指标序列的变异与渭河流域年径流序列的变异点几乎一致。

8.3.4　枯水径流序列变异点产生的主导周期成分

为了确定枯水径流指标序列变异点产生的主导周期成分，利用 HS 法对分解得到的近似分量 A、细节分量 Ds、近似分量与每个细节分量之和（Ds＋A）序列进行变异点识别，显著性阈值 P_0 和最小分割长度 l_0 分别取为 0.95 和 25，结果见表 8.4。

由表 8.4 可以看出：①代表 2 年周期成分的 D1 分量通常没有变异点，满足一致性假设；②变异点往往出现在 D2（4 年周期成分）和 D3（8 年周期成分）分量中，而且变异点出现的时间往往与原始指标序列的变异点不同；③当把细节分量 Ds 添加到近似分量 A3 时，Ds＋A3 序列被诊断出了变异点，表现出了非一致性；④与原始指标序列变异点相同的分量组合一

表 8.4 渭河流域及其子流域枯水径流指标序列及其分量的变异点诊断结果

流域	时间序列	AM1	AM7	AMM	AFD
咸阳以上流域	原始序列	1968 年	1968 年	1968 年，1993 年	1970 年，1993 年
	D1	—	—	—	—
	D2	1963 年，1965 年	1963 年，1966 年	1963 年，1965 年	—
	D3	1962 年，1968 年，1972 年，1978 年	—	—	—
	A3	1970 年	1970 年	1971 年，1995 年	1971 年，1995 年
	D1＋A3	1971 年	1971 年	1971 年，1994 年	1971 年，1994 年
	D2＋A3	1971 年	1971 年，1993 年	1971 年，1994 年	1971 年，1995 年
	D3＋A3	**1968 年**	**1969 年**，1993 年	**1969 年，1993 年**	**1970 年，1993 年**
泾河流域	原始序列	1993 年	1993 年	1993 年	1969 年，1993 年
	D1	—	—	—	—
	D2	1963 年，1965 年	—	1963 年，1965 年	—
	D3	—	—	—	—
	A3	1970 年，1994 年	1970 年，1994 年	1971 年，1995 年	1971 年，1994 年
	D1＋A3	1994 年	1994 年	**1993 年**	1971 年，**1993 年**
	D2＋A3	1994 年	1995 年	1996 年	1971 年，1995 年
	D3＋A3	1972 年，**1993 年**	**1993 年**	1980 年，**1993 年**	**1969 年，1993 年**
整个渭河流域	原始序列	1968 年	1969 年	1968 年	1969 年
	D1	—	—	—	—
	D2	1963 年，1965 年	1963 年，1966 年	—	—
	D3	—	—	—	—
	A3	1969 年，1979 年，1988 年	1962 年，1968 年，1972 年，1977 年	1969 年	1971 年，1995 年
	D1＋A3	1970 年，1979 年，1989 年	1970 年，1979 年	1971 年	1971 年
	D2＋A3	1969 年	1970 年	1971 年	1970 年
	D3＋A3	**1968 年**，1979 年，1988 年	**1969 年**，1979 年，1989 年	**1969 年**	**1969 年**，1993 年

注 表中粗体字表示变异年份和原序列相同或相近，"—"表示不存在变异点。

般为 D3＋A3。也就是说，代表 8 年周期的 D3 分量是影响原始指标序列产
生变异点的主导周期性成分。

8.4　关于枯水径流序列非一致性的讨论

8.4.1　气象水文要素的变化趋势

由 8.3 可知，渭河流域枯水径流指标序列出现了显著的变化趋势和变
异点，一致性假设遭到破坏。由于枯水径流通常会受到降水、潜在蒸散发
和土壤湿度等的影响[123-125]，因此本节针对渭河流域及其子流域年度和枯
水期的降水、潜在蒸散发和土壤湿度的变化趋势进行检验，结果见表 8.5。

表 8.5　　渭河流域及其子流域的年度和枯水期气象水文因子序列的趋势检验

流　域	降　水		潜在蒸散发 PET		土壤湿度	
	年尺度	枯水期	年尺度	枯水期	年尺度	枯水期
咸阳以上流域	**−2.13**	−1.75	1.12	**2.03**	**−2.79**	**−3.35**
泾河流域	−1.51	−1.45	0.41	1.62	**−2.60**	**−3.09**
整个渭河流域	−1.80	**−2.42**	0.60	**2.01**	**−2.89**	**−3.25**

注　粗体字表示 MMK 趋势检验值通过置信水平 95％的检验。

由表 8.5 可以看出：①流域内降水总体呈减少趋势，其中咸阳以上流
域的年降水呈显著减少趋势，枯水期降水呈不显著减少趋势；泾河流域的
年降水和枯水期降水都呈不显著减少趋势；整个渭河流域的年降水呈不显
著减少趋势，而枯水期降水量呈显著减少趋势；②流域内年潜在蒸散发量
总体呈不显著增加趋势，其中咸阳以上流域和整个渭河流域枯水期潜在蒸
散发量均呈显著增加趋势；③流域内土壤湿度不论是年尺度上还是枯水期
都表现出显著减少趋势。对比第 4 章的研究结果可知，不断减少的降水量
和土壤湿度以及不断增加的潜在蒸散发再次表明流域气候存在暖干趋势。

8.4.2　气象水文要素与枯水径流指标序列的相关性

采用 Pearson 相关系数分析渭河流域及其子流域枯水径流指标序列与
年度和枯水期气候水文因子之间的关系，从区域气候水文变化的角度识别

导致流域内枯水径流出现变异点的原因，结果见表 8.6 和表 8.7。

由表 8.6 和表 8.7 可知：①通常枯水径流指标序列与降水、土壤湿度序列呈正相关性，与潜在蒸散发序列之间呈负相关性；②枯水径流指标序列与年度气候水文因子之间的 Pearson 相关系数（绝对值），往往要其比枯水期气候水文因子之间的 Pearson 相关系数（绝对值）要大一点。由此可见，渭河流域的枯水径流序列受年降水、年潜在蒸散发和年均土壤湿度的影响更大。结合上一节相关气候水文因子序列的变化趋势可知，流域气候暖干趋势是枯水径流减少的气候因素。

同时，为了确定这些气候因子（年尺度和枯水期）是如何影响流域内枯水径流序列的变化，本节还研究了气候水文因子与枯水径流之间的尺度相关性。这些气候水文因子序列与枯水径流指标序列在年度和枯水期两个时间尺度上的 Pearson 相关系数见表 8.6 和表 8.7。

表 8.6　　年尺度气象水文因子与枯水径流指标序列分量的 Pearson 相关系数

流域	枯水径流因子	气象因子	原始序列	D1	D2	D3	A3	D1+A3	D2+A3	D3+A3
咸阳以上流域	AM1	降水	**0.45****	0.07	0.18	0.33*	**0.40****	0.33*	**0.43****	**0.50****
		潜在蒸散发 PET	**−0.41****	−0.02	−0.2	−0.16	**−0.45****	−0.33*	**−0.47****	**−0.47****
		土壤湿度	**0.47****	0.18	0.21	0.18	0.37**	0.39**	**0.42****	0.41**
	AM7	降水	**0.49****	0.09	0.22	0.36*	**0.40****	0.35*	**0.45****	**0.50****
		潜在蒸散发 PET	**−0.43****	−0.02	−0.21	−0.2	−0.44**	−0.34*	**−0.48****	−0.48**
		土壤湿度	**0.50****	0.19	0.23	0.22	0.36**	0.39**	**0.43****	0.41**
	AMM	降水	**0.64****	0.28*	0.28*	0.42**	0.39**	0.48**	0.49**	**0.51****
		潜在蒸散发 PET	**−0.53****	−0.16	−0.27	−0.26	−0.38**	−0.41**	**−0.48****	−0.44**
		土壤湿度	**0.62****	0.26	0.33*	0.35*	0.37*	0.45**	**0.50****	0.46**
	AFD	降水	**0.66****	0.46**	0.28*	0.41**	0.36*	0.51**	**0.47****	0.45**
		潜在蒸散发 PET	**−0.58****	−0.34*	−0.31*	−0.34*	−0.32*	−0.42**	**−0.44****	−0.39**
		土壤湿度	**0.67****	0.43**	0.38*	0.39**	0.34*	0.48**	**0.49****	0.42**

续表

流域	枯水径流因子	气象因子	原始序列	D1	D2	D3	A3	D1+A3	D2+A3	D3+A3
泾河流域	AM1	降水	**0.37****	0.19	0.2	0.03	0.26	0.31*	**0.33***	0.25
		潜在蒸散发 PET	**−0.53****	−0.18	−0.37**	−0.08	−0.36*	−0.40**	**−0.50****	−0.36*
		土壤湿度	**0.51****	0.36*	0.19	0.03	0.34*	**0.48****	0.40**	0.34*
	AM7	降水	**0.41****	0.2	0.23	0.14	0.24	0.31*	**0.34***	0.27
		潜在蒸散发 PET	**−0.59****	−0.18	−0.40**	−0.16	−0.39**	−0.42**	**−0.56****	−0.41**
		土壤湿度	**0.49****	0.30*	0.22	0.12	0.32*	**0.43****	0.39**	0.34*
	AMM	降水	**0.62****	0.51**	0.28*	0.32*	0.23	**0.50****	0.34*	0.32*
		潜在蒸散发 PET	**−0.64****	−0.27	−0.40**	−0.30*	−0.38**	−0.46**	**−0.53****	−0.46**
		土壤湿度	**0.65****	0.50**	0.26	0.29*	0.30*	**0.55****	0.39**	0.38**
	AFD	降水	**0.71****	0.64**	0.30*	0.37**	0.28*	**0.57****	0.39**	0.38**
		潜在蒸散发 PET	**−0.60****	−0.36*	−0.43**	−0.32*	−0.24	−0.39**	**−0.42****	−0.33*
		土壤湿度	**0.81****	0.63**	0.35*	0.42**	0.38**	**0.65****	0.50**	0.49**
渭河全流域	AM1	降水	**0.53****	0.12	0.22	0.29*	0.44**	0.42**	0.49**	**0.51****
		潜在蒸散发 PET	**−0.39****	0.02	−0.29*	−0.23	−0.29*	−0.21	**−0.42****	−0.35*
		土壤湿度	**0.55****	0.22	0.27	0.22	0.38**	0.43**	**0.48****	0.43**
	AM7	降水	**0.56****	0.17	0.23	0.31*	0.43**	0.45**	0.49**	**0.50****
		潜在蒸散发 PET	**−0.42****	0	−0.31*	−0.26	−0.29*	−0.23	**−0.43****	−0.36*
		土壤湿度	**0.56****	0.25	0.28*	0.24	0.37**	0.44**	**0.47****	0.42**
	AMM	降水	**0.68****	0.33*	0.28*	0.35*	0.44**	**0.55****	0.52**	0.54**
		潜在蒸散发 PET	**−0.58****	−0.21	−0.36*	−0.31*	−0.32*	−0.38**	**−0.48****	−0.41**
		土壤湿度	**0.67****	0.32*	0.34*	0.31*	0.38**	0.50**	**0.52****	0.47**
	AFD	降水	**0.75****	0.51**	0.32*	0.41**	0.39**	**0.59****	0.51**	0.50**
		潜在蒸散发 PET	**−0.59****	−0.34*	−0.39**	−0.37**	−0.23	−0.37**	**−0.41****	−0.34*
		土壤湿度	**0.75****	0.50**	0.41**	0.40**	0.34*	**0.54****	0.52**	0.45**

注　粗体字表示的是原始序列与气象因子的相关系数以及相关性最强的周期成分，＊和＊＊分别表示相关系数通过 95% 和 99% 置信水平的检验。

表 8.7　枯水期气象水文因子与枯水径流指标分量的 Pearson 相关系数

流域	枯水径流因子	气象因子	原始序列	D1	D2	D3	A3	D1+A3	D2+A3	D3+A3
咸阳以上流域	AM1	降水	**0**	−0.28*	0.27	0.03	0.02	−0.19	**0.2**	0.03
		潜在蒸散发 PET	**−0.17**	0.22	−0.16	0.03	−0.40**	−0.12	**−0.41****	−0.35*
		土壤湿度	**0.39****	0.12	0.16	0.13	0.35*	0.33*	**0.37****	**0.37****
	AM7	降水	**0.01**	−0.31*	0.25	0.06	0.04	−0.19	**0.2**	0.06
		潜在蒸散发 PET	**−0.19**	0.22	−0.15	0	−0.41**	−0.14	**−0.42****	−0.37**
		土壤湿度	**0.41****	0.12	0.19	0.16	0.35*	0.33*	**0.39****	0.37**
	AMM	降水	0.17	−0.16	0.30*	0.14	0.09	−0.01	**0.25**	0.13
		潜在蒸散发 PET	**−0.35***	0.1	−0.18	−0.07	−0.41**	−0.29*	**−0.45****	−0.41**
		土壤湿度	**0.56****	0.16	0.30*	0.30*	0.38**	0.41**	**0.49****	0.45**
	AFD	降水	**0.35***	0.28*	0.35*	0.15	0.08	0.18	**0.25**	0.11
		潜在蒸散发 PET	**−0.52****	−0.24	−0.24	−0.14	−0.38**	−0.44**	**−0.46****	−0.39**
		土壤湿度	**0.70****	0.42**	0.39**	0.35*	0.38**	0.51**	**0.54****	0.45**
泾河流域	AM1	降水	**0.28***	−0.05	0.30*	0.08	0.21	0.16	**0.34***	0.23
		潜在蒸散发 PET	**−0.48****	0	−0.29*	−0.08	−0.45**	−0.38**	**−0.54****	−0.45**
		土壤湿度	**0.49****	0.29*	0.12	0.15	0.36**	**0.46****	0.38**	0.39**
	AM7	降水	**0.30***	−0.07	0.30*	0.14	0.21	0.14	**0.35***	0.24
		潜在蒸散发 PET	**−0.47****	0.09	−0.33*	−0.12	−0.46**	−0.33*	**−0.56****	−0.47**
		土壤湿度	**0.44****	0.2	0.16	0.23	0.32*	**0.38****	0.36*	0.37**
	AMM	降水	**0.33***	−0.03	0.30*	0.32*	0.22	0.15	**0.35***	0.31*
		潜在蒸散发 PET	**−0.55****	−0.06	−0.36*	−0.2	−0.47**	−0.41**	**−0.59****	−0.51*
		土壤湿度	**0.55****	0.34**	0.21	0.31*	0.30*	**0.45****	0.36*	0.38**
	AFD	降水	**0.38****	0.09	0.23	0.23	0.25	0.26	**0.33***	0.31*
		潜在蒸散发 PET	**−0.58***	−0.22	−0.32*	−0.19	−0.41**	−0.47**	**−0.52****	−0.45**
		土壤湿度	**0.79****	0.50**	0.34*	0.42**	0.43**	**0.62****	0.54**	0.53**

续表

流域	枯水径流因子	气象因子	原始序列	D1	D2	D3	A3	D1＋A3	D2＋A3	D3＋A3
渭河全流域	AM1	降水	**0.06**	−0.31*	0.15	0.13	0.15	−0.08	**0.22**	0.19
		潜在蒸散发 PET	**−0.16**	0.25	−0.23	−0.07	−0.22	−0.01	**−0.33***	−0.23
		土壤湿度	**0.47****	0.15	0.2	0.23	0.38**	0.39**	**0.42****	0.42**
	AM7	降水	**0.08**	−0.34*	0.13	0.17	0.18	−0.05	**0.23**	0.23
		潜在蒸散发 PET	**−0.2**	0.25	−0.24	−0.09	−0.26	−0.06	**−0.36****	−0.27
		土壤湿度	**0.49****	0.18	0.23	0.22	0.36*	0.40**	**0.43****	0.41**
	AMM	降水	**0.23**	−0.06	0.11	0.25	0.2	0.13	0.23	**0.28***
		潜在蒸散发 PET	**−0.35***	−0.04	−0.21	−0.15	−0.27	−0.24	**−0.34***	−0.30*
		土壤湿度	**0.59****	0.26	0.30*	0.28*	0.36*	0.44**	**0.48****	0.44**
	AFD	降水	**0.49****	0.22	0.22	0.28*	0.30*	0.37**	**0.38****	0.37**
		潜在蒸散发 PET	**−0.53****	−0.25	−0.28*	−0.18	−0.34*	−0.42**	**−0.45****	−0.38**
		土壤湿度	**0.77****	0.49**	0.41**	0.36*	0.38**	**0.57****	0.55**	0.47**

注　粗体字表示的是原始序列与气象因子的相关系数以及相关性最强的周期成分，＊和＊＊分别表示相关系数通过 95％和 99％置信水平的检验。

由表 8.6 和表 8.7 可知：①渭河流域枯水径流指标的细节分量 Ds 和近似分量 A3 与气候水文因子之间的 Pearson 相关系数（绝对值）一般都比原始指标与气候水文因子之间的相关系数（绝对值）要小；②代表不同周期的细节分量 Ds 与气候水文因子之间的相关系数存在差异；③代表 2 年周期的 D1、代表 4 年周期的 D2 与近似分量 A3 的组合（D1＋A3）、（D2＋A3）与气候水文因子的相关系数，往往最接近原始指标与气候水文因子的相关系数。也就是说，气候水文因子往往与渭河流域枯水径流指标的 2 年和 4 年周期成分密切相关。

由 8.3.2 节可知，枯水径流指标序列的 2 年和 4 年周期成分是枯水径流序列趋势产生的主导周期成分。由此可见，气候水文因子一般通过影响枯水径流序列的变化趋势而对枯水径流产生影响。

8.4.3 人类活动对枯水径流序列的影响

气候水文因子与枯水径流的尺度相关性表明，气候水文因子往往和枯水径流的变化趋势密切相关。但是，代表 8 年周期的 D3 分量才是枯水径流序列变异点产生的主导周期（见 8.3.4 节）。由此可见，非气候因子即人类活动通过影响流域内枯水径流序列的 8 年周期成分，导致枯水径流序列出现变异点[148]。

（1）由 3.5 节可知，自 20 世纪 70 年代初以来，由于人口的增长，渭河流域内大量未开垦的土地转变成农田，这直接导致了流域下垫面条件发生了改变。为了保障农田灌溉，人们兴修水利，流域内大、中、小型水库及蓄、引、提水工程使得流域内灌溉用水量显著增加[145]。

表 8.8　　　　　　　　　　渭河流域内 9 大灌区基本信息

灌区	人口/万人	灌溉水源	耕地面积/万亩	灌溉面积/万亩	水库个数	泵站个数
宝鸡峡	250.0	咸阳以上流域	291.60	282.90	4	97
石头河	40.0	咸阳以上流域	40.35	22.05		24
冯家山	110.3	咸阳以上流域	130.35	124.65	6	164
羊毛湾	28.0	咸阳以上流域	39.00	24.00	4	751
泾惠渠	118.0	泾河流域	136.95	125.85		19
桃曲坡	43.1	泾河流域	50.40	23.55		3
交口	79.9	渭河流域下游地区	126.15	112.95		123
洛惠渠	62.2	渭河流域下游地区	85.95	74.25		11
石堡川	29.9	渭河流域下游地区	75.30	22.10		13

表 8.8 表示的是渭河流域内 9 个主要灌区的基本信息。由表 8.8 可知，整个渭河流域的耕地面积为 976.05 万亩，灌溉面积为 812.25 万亩。其中，流域内最大的灌区为位于咸阳以上流域的宝鸡峡灌区，灌溉面积达到了 282.90 万亩，占总灌溉面积的 34.83%。图 8.6 表示的是宝鸡峡灌区每个月取水量与天然径流量的比值情况。

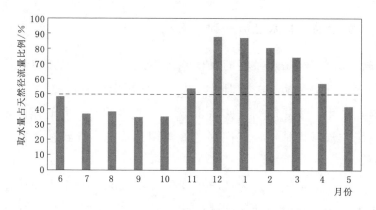

图 8.6　宝鸡峡灌区每月取水量与天然径流量之比

注　虚线代表 50%。

由图 8.6 可知，枯水季（12 月至次年 4 月）宝鸡峡灌区取水量均超过了天然径流量的 50%，直接导致流域枯水径流情势发生改变。由此可见，这是流域内枯水径流显著减少并出现变异点的直接原因。此外，自 20 世纪 90 年代以来，随着社会经济及文明的发展，流域内生产及生活用水不断增加导致水资源需求也不断攀升，流域取用水明显增多。这是流域枯水径流序列再次减少和出现变异点的另一个原因。

（2）渭河流域内一系列的水土保持措施也对径流量的减少有一定影响。图 8.7 为渭河流域不同水土保持措施在 1969—2006 年间的面积或数量变化过程。由图 8.7 可知：在过去的几十年，渭河流域梯田、人工造林、人工植草及淤地坝等水保措施呈显著增加趋势。这些水保措施通过改变微观形态、拦截降水、提高下渗率，有效地减少了径流量[145-146]。

综上所述，人类取用水及下垫面的改变是导致渭河流域枯水径流非一致性产生最直接的因素。换言之，人类活动影响的往往是枯水径流的长周期成分（8 年周期成分）。

8.4.4　枯水径流的影响

枯水径流量的显著减少，必然会给枯水期输沙量带来的一定的影响。表 8.9 表示的是两个子流域和整个渭河流域枯水期输沙量的变化趋势。由表 8.9 可知，随着枯水径流的减少，流域枯水期输沙量呈显著减少趋势。这将对到黄河流域三角洲泥沙侵蚀和沉降平衡产生一定的影响[150]。

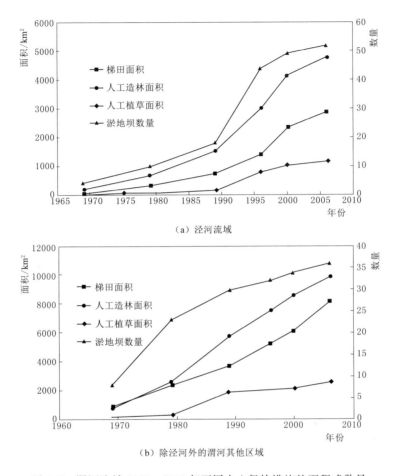

（a）泾河流域

（b）除泾河外的渭河其他区域

图 8.7 渭河流域 1969—2006 年不同水土保持措施的面积或数量

表 8.9 渭河流域及其子流域枯水期输沙量的趋势检验结果

流　域	枯水期输沙量 MMK 统计值	变化趋势
咸阳以上流域	**−5.75**	显著减少
泾河流域	**−3.41**	显著减少
整个渭河流域	**−3.96**	显著减少

注　粗体字表示通过置信水平 99％的检验。

受枯水径流量减少的影响，整个渭河流域的生态链遭到严重破坏[149]。自 20 世纪 70 年代以来，流域内物种大规模减少，河道内的鱼，虾和蟹等水生动物几乎灭绝[149-150]。到了 20 世纪 90 年代，水量不足加上水质恶化加剧了流域内生态系统的破坏。根据严少普的研究，由于鸟类生存环境遭到严重破坏，咸阳以上流域的冬季野鸭和其他候鸟在短短几年内已消失不见[150]。此外，枯水期高流量是形成河流栖息地的重要因素[151]。持续的枯水期低流量将导致河流结构功能消失，河岸植被覆盖面积减少，河道内水生生物减少[152]。因此，应当采取相关措施改善河流生态系统，比如：①合理计算流域河道内的生态流量；②改善灌溉系统，采用更节水的灌溉方式，缓解流域农业用水与生态流量的矛盾；③在渭河流域内开展以生态为导向的水资源管理[149,152]。

8.5　本章小结

本章主要研究了变化环境下渭河流域枯水径流序列进行非一致性，并探讨了其与气候因子间的尺度相关性。首先，分析枯水径流序列的变化趋势和变异点，研究枯水径流序列的非一致性。然后，借助 DWT 法将原始枯水径流指标序列分解成一组细节分量和近似分量。接着，确定了枯水径流指标序列趋势和变异点产生的主导周期成分。再通过 Pearson 相关系数研究了气候因子与枯水径流序列之间的尺度相关关系，探讨了导致枯水径流序列出现非一致性的原因及其带来的影响。主要结论如下：

（1）渭河流域内枯水径流序列呈显著减少趋势，其中枯水期平均径流量的减少趋势最为显著。枯水径流指标序列中 2 年和 4 年的周期成分是影响枯水径流序列变化趋势产生的主导周期成分；渭河流域枯水径流指标序列存在变异点，变异点前后均值差异显著，一致性假设遭到破坏。其中，8 年周期成分是影响枯水径流指标序列变异点产生的主导周期。

（2）枯水径流指标序列与降水量、土壤湿度呈显著正相关性，与潜在蒸散发量呈显著负相关性，气候水文因子与枯水径流的尺度相关性表明，年度气候水文因子对枯水径流的变化趋势影响较大。可见，流域气候暖干趋势是枯水径流减少的气候因素。

（3）人类活动影响的往往是枯水径流序列的 8 年周期成分，而且人类取用水及下垫面的改变是导致渭河流域枯水径流非一致性产生最直接的因素。显著减少的枯水径流严重影响了渭河流域生态系统，提高生态流量是改善流域生态系统的关键。

第 9 章　结 论 与 展 望

9.1　结论

本书以渭河流域为研究对象，针对变化环境下渭河流域极端气象水文序列的非一致性问题，揭示了流域下垫面及气候的演变特征，识别了流域极端气温、极端降水、洪水及枯水事件等极端气象水文时间序列的变化趋势和变异点，辨识了极端气象水文序列非一致性的驱动力。主要研究结论如下：

(1) 1985—2005 年，渭河流域主要的土地利用/覆被方式是耕地、林地和草地，过去几十年，渭河流域土地利用/覆被类型中耕地、林地和草地之间的转移程度较高，且水域、城镇、农村和建设用地均是大幅度转化为耕地。总的来说，流域内的耕地、高覆盖草地和城镇用地面积均呈增加趋势，林地、灌木、低草、水域、农村用地和裸地面积呈减少趋势。人口增长、社会经济发展、人口流动及政策因素是渭河流域土地利用/覆被变化重要的驱动力，影响着流域地利用/覆被类型及分布格局，改变了流域下垫面的条件。

(2) 渭河流域多年平均气温呈显著升温趋势，空间上由西北向东南逐渐增加，变异点多出现在 1986 年和 1996 年，一致性假设遭到破坏。人类活动，包括使用化石燃料、砍伐森林植被及改变下垫面条件等均对流域年平均气温的变化表现出积极影响。流域年降水量呈不显著减少趋势，空间上由西北向东南方向递增，不存在变异点，仍满足一致性假设。渭河流域年径流量多集中在汛期，表现出显著下降趋势，变异点多集中在 20 世纪 60 年代末和 20 世纪 90 年代初，一致性假设遭到了破坏。人类活动取用水、流域下垫面条件的改变以及气候变化共同导致流域年径流序列出现变异点，表现出非一致性。

（3）流域年最低气温 T_{min} 相对年最高气温 T_{max}，分散度更高、稳定性及均匀性更小。空间上，中下游区域及泾河流域的极端气温分散度更高、均匀性及稳定性更小。渭河流域极端气温整体以升温为主，且年最低气温 T_{min} 的增幅更显著。流域极端气温对流域下垫面变化的响应与年平均气温的响应是一致的，但流域年最高气温 T_{max} 的变化趋势与年平均气温的变化趋势较为同步。流域年最高气温 T_{max} 序列及中游、下游和北洛河流域的年最低气温 T_{min} 序列均存在变异点，表现出非一致性。总体上，渭河流域年最高气温 T_{max} 对流域变暖的响应较年最低气温 T_{min} 对流域变暖的响应显著。

（4）渭河流域极端降水强度和频率时空分布不均，除上游区域外，渭河全流域及其他子流域极端降水的强度及频率对流域气候暖干趋势的响应并不显著。流域上游区域极端降水时间序列存在显著变化趋势及变异点，一致性假设遭到了破坏。尽管流域下垫面会在一定程度上影响极端降水的时空分布，但是尚不足以改变极端降水序列的一致性。ENSO 事件和太平洋年代际振荡 PDO 均与渭河流域极端降水存在显著遥相关性，但它们对流域极端降水的强度、频率和持续时间的影响是不同的。

（5）渭河流域年最大洪峰流量 AFP 和季节性洪水的发生时间均表现出往后延迟的现象。流域内洪水流量强度波动明显，整体呈减小趋势，洪水序列变异点多集中在 20 世纪八九十年代。流域水利工程的调蓄及水土保持措施的开展，导致流域干流洪水序列多出现均值变异点，而支流泾河流域洪水序列多出现方差变异点。基于非一致性的最大洪峰流量 AFP 序列及变异点前后的 AFP 序列，得到的理论分布曲线形状和设计洪峰值的大小均存在着显著的差异，在洪水设计中引入了不可避免的误差，且在有方差变异点的 AFP 序列中表现更显著。流域下垫面的变化、森林植被的变化、水利工程的兴建及调蓄作用是导致渭河流域洪水序列出现变异的直接原因。

（6）渭河流域内枯水径流序列呈显著减少趋势，且存在变异点，变异点前后均值差异显著，一致性假设遭到破坏。枯水径流序列中 2 年和 4 年的周期成分是枯水径流序列变化趋势产生的主导周期成分，8 年周期成分是枯水径流序列变异点产生的主导周期。气候因子与枯水径流序列的尺度相关性表明，气候因子往往和枯水径流变化趋势的产生密切相关。可见，流域气候暖干趋势是枯水径流减少的气候因素。人类取用水及下垫面的改变是导致渭河流域枯水径流非一致性产生最直接的因素，可见人类活动影响的往往是枯水径流序列的 8 年周期成分。急剧减少的枯水径流量，对渭河流域生态系统带来严重影响，重视生态流量是改善流域生态系统的关键。

9.2　主要创新点

本书的创新性主要体现在以下方面：

（1）建立了流域极端气温云模型，阐明了其不确定性特征（分散度、均匀性和稳定性）的时空演变规律；识别了流域极端气温时间序列的变化趋势及变异点，揭示了其非一致性特征；为定量评估极端气温变化的不确定性提供了新的思路。

（2）揭示了流域极端降水强度、频率及持续时间等的时空的演变特征；诊断了其变异点，阐明了其变异特征；揭示了流域极端降水与海洋-大气环流因子在时域和频域上的相关性，识别了流域极端降水非一致性的远程驱动力，为变化环境下的降水预报提供了重要科学依据。

（3）阐明了流域洪水事件出现的时间、发生频次等特点；识别了洪水时间序列的变化趋势，诊断了其均值变异点、方差变异点，明确了其变异特征，阐释了流域洪水时间序列的非一致性；对比分析了均值变异点和方差变异点给水文频率分析带来的负面影响，强调了方差变异点识别的重要性。

（4）识别了流域枯水事件的变化趋势、诊断了其变异点、明确了其变异特征；阐明了流域枯水序列变化趋势及变异点产生的主导周期成分；揭示了枯水事件与气候因子的尺度相关性，辨识了流域枯水序列非一致性的驱动力。

9.3　展望

研究变化环境下渭河流域极端气象水文时间序列的非一致性，具有重要的学术价值和实际意义。虽然本书从气温、降水、径流等多个角度分别研究了流域极端气温、极端降水、洪水及枯水序列的变化趋势，识别了可能存在的变异点，系统地揭示了变化环境下渭河流域极端气象水文事件对变化环境的响应特征。但是由于水文系统的复杂性和不确定性，仍有许多问题有待深入研究，主要有以下几个方面：

（1）尽管通过识别极端气象水文时间序列的变异点确定了渭河流域极端气象水文事件都存在非一致性现象；但流域极端气象序列和极端水文序列的非一致性是否存在必然联系以及相互作用机理是怎样的，这些问题都有待于进一步研究。

（2）虽然借助交叉小波变换法确定了渭河流域极端降水与不同的海洋-大气环流因子之间存在遥相关性，但是，这些环流因子之间也存在一定的相互作用，它们之间的相互作用究竟是相互抵消还是相互加强，以及它们之间是如何共同对流域极端气象水文序列的变化产生影响，都有必要深入研究。

（3）虽然对渭河流域过去 50 多年以来的极端气象水文事的变化特征进行了研究，但是，并没有涉及渭河流域极端气象水文事件对未来环境变化的响应特征研究。未来的研究可以考虑研究全球气候模式（Global Climate Model，GCM）不同情景下的渭河流域极端气象水文事件的变化规律，以期为流域未来水资源规划和管理提供参考依据。

（4）极端气象水文序列一致性假设的破坏将会给水文频率分析极端带来更多的不确定性。因此，针对非一致问题，未来有必要深入研究出一种通用的非一致性水文频率分析方法，同时也有必要对一些相关的防洪设计指南进行修订。

参 考 文 献

[1] IPCC. Climate change 2007: The physical science basis. Contribution of Working Group 1 to the Fourth Assessment Report of the Intergovermental Panel on Climate Change [M]. Cambridge and New York: Cambridge University Press, 2007.

[2] IPCC. Summary for Policymakers. Climate Change 2013: The Physical Science Basis. Contribution of Working Group I to the Fifth Assessment Report of the Intergovernmental Panel on Climate Change [M]. Cambridge and New York: Cambridge University Press, 2013.

[3] 丁裕国, 郑春雨, 申红艳. 极端气候变化的研究进展 [J]. 沙漠与绿洲气象, 2008, 2 (6): 1-5.

[4] 黄生志, 黄强, 王义民, 等. 渭河径流年内分配变化特征及其影响因子贡献率分解 [J]. 地理科学进展, 2014, 33 (8): 1101-1108.

[5] 和宛琳, 徐宗学. 渭河流域气温与蒸发量时空分布及其变化趋势分析 [J]. 北京师范大学学报 (自然科学版), 2006, 42 (1): 102-106.

[6] Zuo D, Xu Z, Yang H, et al. Spatiotemporal variations and abrupt changes of potential evapotranspiration and its sensitivity to key meteorological variables in the Wei River basin, China [J]. Hydrological Processes, 2011.

[7] 张宏利, 陈豫, 任广鑫, 等. 近50年来渭河流域降水变化特征分析 [J]. 干旱地区农业研究, 2008, 26 (4): 236-241.

[8] 拜存有, 张升堂. 渭河关中段年径流过程变异点的诊断 [J]. 西北农林科技大学学报 (自然科学版), 2009, 37 (10): 215-220.

[9] 王帅, 李院生, 张峰. 近55年渭河流域气温演变规律分析 [J]. 中国农业气象, 2013, 34 (5): 512-518.

[10] 何毅, 王飞, 穆兴民. 渭河流域60年来气温变化特征与区域差异 [J]. 干旱区资源与环境, 2012, 26 (9): 14-21.

[11] 赵安康, 严宝文. 渭河流域月径流序列分形特征研究 [J]. 水力发电学报, 2014, 33 (4): 7-13.

[12] Houghton J T, Filho L G M, Callander B A, et al. Climate Change 1995: The Science of Clmate Change [M]. Cambridge: Cambridge University Press, 1996.

[13] Karl T R, Nicholls N, Ghazi A. CLIVAR/GCOS/WMO workshop on indices and indicators for climate extremes [J]. Climate Change, 1999, (42): 3-7.

［14］ 赵其庚，赵宗慈. 水文气象安全问题国际会议简介 ［J］. 气候变化研究进展，2006，2 （6）：307.

［15］ 张利平，杜鸿，夏军，等. 气候变化下极端水文事件的研究进展 ［J］. 地理科学进展，2011，30 （11）：1370 - 1379.

［16］ Jakob D，Walland D. Variability and long－term change in Australian temperature and precipitation extremes ［J］. Weather and Climate Extremes，2016 （14）：36 - 55.

［17］ Brown P J，Bradley R S，Keimig F T. Changes in Extreme Climate Indices for the Northeastern United States，1870 - 2005 ［J］. Journal of Climate，2010，23 （24）：6555 - 6572.

［18］ Yu Z，Li X. Recent trends in daily temperature extremes over northeastern China （1960 - 2011） ［J］. Quaternary International，2015 （380 - 381）：35 - 48.

［19］ 张万诚，郑建萌，马涛，等. 1961—2012 年云南省极端气温时空演变规律研究 ［J］. 资源科学，2015，37 （4）：710 - 722.

［20］ 贾文雄，张禹舜，李宗省. 近 50 年来祁连山及河西走廊地区极端降水的时空变化研究 ［J］. 地理科学，2014，34 （8）：1002 - 1009.

［21］ 顾西辉，张强，孙鹏，等. 新疆塔河流域洪水量级、频率及峰现时间变化特征、成因及影响 ［J］. 地理学报，2015 （9）：1390 - 1401.

［22］ 陶望雄，贾志峰. 渭河干流中段近 50 a 径流极值变化特征分析 ［J］. 中国农村水利水电，2015 （9）：7 - 11.

［23］ 陈广圣. 变化环境下流域水文要素关系变异分析方法及应用 ［D］. 西安：西安理工大学，2018.

［24］ 张文. 近百年来气候突变与极端事件的检测与归因的初步研究 ［D］. 扬州：扬州大学，2007.

［25］ Page E S. Continuous Inspection Schemes ［J］. Biometrika，1954 （1 - 2）：1 - 2.

［26］ Brown M B，Forsythe A B. The small sample behavior of some statistics which test the equality of several means ［J］. Technometrics，1974，16 （1）：129 - 132.

［27］ Brown M B，Forsythe A B. The ANOVA and multiple comparisons for data with heterogeneous variances ［J］. Biometrics，1974，30 （4）：719 - 724.

［28］ Lee A F S，Heghinian S M. A shift of the mean level in a sequence of independent normal random variable：A Bayesian Approach ［J］. Technometrics，1977，19 （4）：503 - 506.

［29］ Pettitt A N. A non－parametric approach to the change－point problem ［J］. Applied Statistics，1979，28 （2）：126 - 135.

［30］ Zuo D，Xu Z，Yang H，et al. Spatiotemporal variations and abrupt changes of potential evapotranspiration and its sensitivity to key meteorological variables in the Wei River basin, China ［J］. Hydrological Processes，2011，26（8）：1149－1160.

［31］ Yamamoto R，Iwashima T，Sanga N K. An analysis of climate jump ［J］. Journal of the Meteorological Society of Japan，1986，64（2）：273－281.

［32］ Chib S. Estimation and Comparison of Multiple Change－point Models ［J］. Journal of Econometrics，1998，86（2）：221－241.

［33］ Perreault L，Bernier J，Bobbe B，et al. Bayesian Change－point Analysis in Hydrometeorological Time Series. Part I. The Normal Model Revisited ［J］. Journal of Hydrology，2000（235）：221－241.

［34］ Dahman E R.，Hall M J. Screening of hydrological data ［M］. Netherlands：International Institute for Land Reclamation and Improvement（ILRI），1990.

［35］ 谢平，陈广才，李德，等. 水文变异综合诊断方法及其应用研究 ［J］. 水电能源科学，2005，23（2）：11－14.

［36］ 燕爱玲，黄强，王义民. 河川径流演变的非趋势波动分析 ［J］. 水力发电学报，2007，26（3）：1－4.

［37］ 黄强，赵雪花. 河川径流时间序列分析预测理论与方法 ［M］. 郑州：黄河水利出版社，2008.

［38］ Zhang Q，Xu C Y，Chen Y D，et al. Abrupt behaviors of the streamflow of the Pearl River basin and implications for hydrological alterations across the Pearl River Delta, China ［J］. Journal of Hydrology，2009，377（3－4）：274－283.

［39］ Bernaola－Galván P，lvanov P C，Nunes Amaral L A，et al. Scale lnvariance in the Nonstationarity of Human Heart Rate ［J］. Physical Review Letters，2001，87（16）：1－4.

［40］ 雷红富，谢平，陈广才，等. 水文序列变异点检验方法的性能比较分析 ［J］. 水电能源科学，2007（4）：36－40.

［41］ 朱锦，朱卫红. 水文序列变异点综合诊断：以布尔哈通河为例 ［J］. 江苏科技信息，2018，35（23）：42－45.

［42］ 郭爱军，畅建霞，黄强，等. 渭河流域气候变化与人类活动对径流影响的定量分析 ［J］. 西北农林科技大学学报（自然科学版），2014，42（8）：212－220.

［43］ 张敬平，黄强，赵雪花. 漳泽水库水文序列突变分析方法比较 ［J］. 应用

基础与工程科学学报，2013，21（5）：837－844.

[44] 刘盛和，何书金. 土地利用动态变化的空间分析测算模型［J］. 自然资源学报，2002，17（5）：533－540.

[45] 程磊，徐宗学，罗睿，等. 渭河流域1980—2000年LUCC时空变化特征及其驱动力分析［J］. 水土保持研究，2009，16（5）：1－6.

[46] 黎云云. 渭河流域气候和土地利用变化的水文响应研究［D］. 西安：西安理工大学，2015.

[47] 霍磊. 基于"三条红线"的渭河流域水资源合理配置［D］. 西安：西安理工大学，2013.

[48] Mann H B. Nonparametric tests against trend［J］. Econometrica，1945（13）：245－259.

[49] Kendall M G. Rank Correlation Methods［M］. London Griffin，1948.

[50] Hamed K H，Rao A R. A modified Mann－Kendall trend test for autocorrelated data［J］. Journal of Hydrology，1998，204（1－4）：182－196.

[51] 常军，王永光，赵宇，等. 近50年黄河流域降水量及雨日的气候变化特征［J］. 高原气象，2014，33（1）：12.

[52] Issar A S. Climate Changes during the Holocene and their Impact on Hydrological Systems［M］// Climate changes during the Holocene and their impact on Hydrological systems. 2003.

[53] Huang S，Huang Q，Chen Y. Quantitative estimation on contributions of climate changes and human activities to decreasing runoff in Weihe River Basin，China［J］. Chinese Geographical Science，2015，25（5）：569－581.

[54] 张淑兰，王彦辉，于澎涛，等. 定量区分人类活动和降水量变化对泾河上游径流变化的影响［J］. 水土保持学报，2010，24（4）：53－58.

[55] 黄强，刘曙阳，樊晶晶. ENSO事件与渭河径流变异的响应关系［J］. 华北水利水电大学学报（自然科学版），2014，35（1）：7－10.

[56] Kruger A C，Sekele S S. Trends in extreme temperature indices in South Africa：1962—2009［J］. International Journal of Climatology，2013，33（3）：661－676.

[57] Fonseca D，Carvalho M J，Marta－Almeida M，et al. Recent trends of extreme temperature indices for the Iberian Peninsula［J］. Physics & Chemistry of the Earth Parts A/b/c，2015（94）：66－76.

[58] Ngo N S，Horton R M. Climate change and fetal health：The impacts of exposure to extreme temperatures in New York City［J］. Environmental Research，2015（144）：158－164.

[59] Trenberth K E. Changes in precipitation with climate change [J]. Climate Research, 2011, 47 (1): 123 – 138.

[60] Huang S, Chang J, Huang Q, et al. Spatio – temporal changes and frequency analysis of drought in the Wei River Basin, China [J]. Water Resources Management, 2014, 28 (10): 3095 – 3110.

[61] Nyeko – Ogiramoi P, Willems P, Ngirane – Katashaya G. Trend and variability in observed hydrometeorological extremes in the Lake Victoria basin [J]. Journal of Hydrology, 2013, 489 (3): 56 – 73.

[62] Leng G, Tang Q, Rayburg S. Climate change impacts on meteorological, agricultural and hydrological droughts in China [J]. Global and Planetary Change, 2015 (126): 23 – 34.

[63] Liu S, Huang S, Huang Q, et al. Identification of the non – stationarity of extreme precipitation events and correlations with large – scale ocean – atmospheric circulation patterns: A case study in the Wei River Basin, China [J]. Journal of Hydrology, 2017 (548): 184 – 195.

[64] Orlowsky B, Seneviratne S I. Global changes in extreme events: regional and seasonal dimension [J]. Climatic Change, 2012, 110 (3): 669 – 696.

[65] Wang, D., Hagen, S. C., Alizad, K. Climate change impact and uncertainty analysis of extreme rainfall events in the Apalachicola river basin, Florida [J]. Journal of Hydrology, 2013, 480 (4), 125 – 135.

[66] Donat M G, Alexander L V. The shifting probability distribution of global daytime and night – time temperatures [J]. Geophysical Research Letters, 2012, 39 (14): 132 – 151.

[67] Dashkhuu D, Kim J P, Chun J A, et al. Long – term trends in daily temperature extremes over Mongolia [J]. Weather & Climate Extremes, 2014 (56): 26 – 33.

[68] Iqbal M A, Penas A, Cano – Ortiz A, et al. Analysis of recent changes in maximum and minimum temperatures in Pakistan [J]. Atmospheric Research, 2016 (168): 234 – 249.

[69] Zhang Y, Gao Z, Pan Z, et al. Spatiotemporal variability of extreme temperature frequency and amplitude in China [J]. Atmospheric Research, 2017 (185): 131 – 141.

[70] Zhou Y, Ren G. Change in extreme temperature event frequency over mainland China, 1961—2008 [J]. Climate Research, 2011, 50 (1 – 2): 125 – 139.

[71] Jiang C, Mu X, Wang F, et al. Analysis of extreme temperature events in

the Qinling Mountains and surrounding area during 1960—2012 [J]. Quaternary International, 2016, 392 (4): 155 – 167.

[72] Yu Z, Li X. Recent trends in daily temperature extremes over northeastern China (1960 – 2011) [J]. Quaternary International, 2015 (380 – 381): 35 – 48.

[73] Zhong K, Zheng F, Wu H, et al. Dynamic changes in temperature extremes and their association with atmospheric circulation patterns in the Songhua River Basin, China [J]. Atmospheric Research, 2017 (190): 77 – 88.

[74] Li D, Liu C, Gan W. A new cognitive model: Cloud model [J]. International Journal of Intelligent Systems, 2009, 24 (3): 357 – 375.

[75] Li D, Han J, Shi X, et al. Knowledge representation and discovery based on linguistic atoms [J]. Knowledge – Based Systems, 1998, 10 (7): 431 – 440.

[76] Wang H, Deng Y. Spatial clustering method based on cloud model [J]. In: Proceedings of IEEE 4th international conference on fuzzy systems and knowledge discovery, 2007 (2): 272 – 276.

[77] Yang Y, Chen W. Application on the reverse cloud model in speech quality evaluation [J]. Voice Technology, 2007, 31 (5): 52 – 55.

[78] Huang S, Hou B, Chang J, et al. Spatial – temporal change in precipitation patterns based on the cloud model across the Wei River Basin, China [J]. Theoretical and Applied Climatology, 2015, 120 (1): 391 – 401.

[79] 郭英明, 李虹利. 基于斯皮尔曼系数的加权朴素贝叶斯分类算法研究 [J]. 信息与电脑（理论版）, 2018, 407 (13): 62 – 64.

[80] Zhu Y, Huang S, Chang J, et al. Spatial – temporal changes in potential evaporation patterns based on the Cloud model and their possible causes [J]. Stochastic Environmental Research & Risk Assessment, 2016, 1 – 12.

[81] Liu S, Huang S, Huang Q, et al. Identification of the non – stationarity of extreme precipitation events and correlations with large – scale ocean – atmospheric circulation patterns: A case study in the Wei River Basin, China [J]. Journal of Hydrology, 2017 (548): 184 – 195.

[82] 王涛, 杨强, 于冬雪. 陕北黄土高原地区极端气温事件变化特征 [J]. 中国农学通报, 2015, 31 (21): 239 – 243.

[83] Stocker T F, Qin D, Plattner G – K, et al. Climate change 2013. The Physical Science Basis. Working Group I Contribution to the Fifth Assessment Report of the Intergovernmental Panel on Climate Change – Abstract for Decision – Makers: Groupe d'experts intergouvernemental sur l'evolution du climat/Intergovernmental Panel on Climate Change [M]. Cambridge and New York:

Cambridge University Press, 2013.

[84] Tabari H, Aghakouchak A, Willems P. A perturbation approach for assessing trends in precipitation extremes across Iran [J]. Journal of Hydrology, 2014 (519): 1420 – 1427.

[85] Madsen H, Lawrence D, Lang M, et al. Review of trend analysis and climate change projections of extreme precipitation and floods in Europe [J]. Journal of Hydrology, 2014 (519): 3634 – 3650.

[86] Westra, S., Fowler, H. J., Evans, J. P., et al. Future changes to the intensity and frequency of short – duration extreme rainfall [J]. Reviews of Geophysics, 2014, 52 (3), 522 – 555.

[87] Goswami B N, Venugopal V, Sengupta D, et al. Increasing trend of extreme rain events over India in a warming environment. Science, 2006, 314 (5804): 1442 – 1445.

[88] Verdon – Kidd D C, Kiem A S. Regime shifts in annual maximum rainfall across Australia – implications for intensity – frequency – duration (IFD) relationships [J]. Hydrology and Earth System Sciences, 2015 (19): 4735 – 4746.

[89] Besselaar E J M V D, Tank A M G K, Buishand T A. Trends in European precipitation extremes over 1951 – 2010 [J]. International Journal of Climatology, 2012, 33 (12): 2682 – 2689.

[90] Croitoru A E, Piticar A, Burada D C. Changes in precipitation extremes in Romania [J]. Quaternary International, 2016 (415): 1 – 11.

[91] Limsakul A, Singhruck P. Long – term trends and variability of total and extreme precipitation in Thailand [J]. Atmospheric Research, 2016 (169): 301 – 317.

[92] Chen Y, Chen X, Ren G. Variation of extreme precipitation over large river basins in China [J]. Advances in Climate Change Research, 2011, 6 (2): 108 – 114.

[93] Kiem A S, Verdon – Kidd D C. Climatic drivers of Victorian streamflow: Is ENSO the dominant influence? [J] Australian Journal of Water Resources, 2009, 13 (1): 17 – 30.

[94] Verdon D C, Wyatt A M, Kiem A S, et al. Multi – decadal variability of rainfall and streamflow – Eastern Australia [J]. Water Resources Research, 2004, 40 (10).

[95] Wigley T M. Climatology: impact of extreme events [J]. Nature, 1985 (316): 106 – 107.

［96］ Kiem A S，Verdon－Kidd，D. C. The importance of understanding drivers of hydroclimatic variability for robust flood risk planning in the coastal zone ［J］. Australian Journal of Water Resources，2013，17（2）：126－134.

［97］ Hudgins L，Friehe C A，Mayer M E. Wavelet transforms and atmospheric turbulence ［J］. Physical Review Letters，1993（71）：3279－3282.

［98］ Torrence C，Compo G P. A practical guide to wavelet analysis ［J］. Bulletin of the American Meteorological Society，2010（79）：61－78.

［99］ 梁生俊. 2003 年渭河流域一次致洪暴雨过程综合分析 ［J］. 暴雨灾害，2008，27（1）：34－38.

［100］ 陈金明，陆桂华，吴志勇，等. 1960—2009 年中国夏季极端降水与气温的变化及其环流特征 ［J］. 高原气象，2016，35（3）：675－684.

［101］ Han S，Coulibaly P. Bayesian flood forecasting methods：A review ［J］. Journal of Hydrology，2017（551）：340－351.

［102］ Ogie R I，Holderness T，Dunn S，et al. Assessing the vulnerability of hydrological infrastructure to flood damage in coastal cities of developing nations ［J］. Computers Environment & Urban Systems，2018（68）：97－109.

［103］ Dewan A. Floods in a Megacity：Geospatial Techniques in Assessing Hazards，Risk and Vulnerability ［M］. 2013.

［104］ Zhang Q，Gu X，Singh V P，et al. Magnitude，frequency and timing of floods in the Tarim River basin，China：Changes，causes and implications ［J］. Global & Planetary Change，2016（139）：44－55.

［105］ 胡方荣. 美国非工程防洪措施 ［J］. 河海科技进展，1992（3）：109－121.

［106］ Li J，Liu X，Chen F. Evaluation of nonstationarity in annual maximum flood series and the associations with large－scale climate patterns and human activities ［J］. Water Resources Management，2015，29（5）：1653－1668.

［107］ Ishak E H，Rahman A，Westra S，et al. Evaluating the non－stationarity of Australian annual maximum flood ［J］. Journal of Hydrology，2013，494（12）：134－145.

［108］ Mediero L，Santillan D，Garrote L，et al. Detection and attribution of trends in magnitude，frequency and timing of floods in Spain ［J］. Journal of Hydrology，2014，517（1）：1072－1088.

［109］ Petrow T，Merz B. Trends in flood magnitude，frequency and seasonality in Germany in the period 1951－2002 ［J］. Journal of Hydrology，2009，371（1）：129－141.

［110］ Salvadori，Neila. Evaluation of non－stationarity in annual maximum flood series of moderately impaired watersheds in the upper Midwest and North-eastern United States [D]. Houghton：Michigan Technological University, 2013.

[111] Liu S，Huang S，Xie Y，et al. Spatial－temporal changes of maximum and minimum temperatures in the Wei River Basin，China：Changing patterns, causes and implications [J]. Atmospheric Research，2018 (204)：1－11.

[112] 张洪波，张姝琪，李吉程，等. 基于 TFPW－DT－ICSS 法的渭河水文序列方差变异识别与诊断 [J]. 华北水利水电大学学报（自然科学版），2017, 38 (4)：47－53.

[113] 涂新军，陈晓宏. 基于变点识别的区域河川径流量特征值变异研究 [J]. 自然资源学报，2010 (11)：1930－1937.

[114] Jie Chen，Gupta A K. Testing and Locating Variance Change points with Application to Stock Prices [J]. Publications of the American Statistical Association，1997，92 (438)：739－747.

[115] Nosek K. Schwarz information criterion based tests for a change－point in regression models [J]. Statistical Papers，2010，51 (4)：915－929.

[116] 谢静红，谢平，许斌，等. 东江流域多尺度洪水序列变异分析 [J]. 水资源研究，2012 (1)：370－374.

[117] 赵元庆. 宝鸡市暴雨洪涝灾害及其防御对策 [J]. 陕西水利，1993 (2)：35－36.

[118] 张志红，李伟佩，芮孝芳，等. 渭河流域水利水保工程对洪水影响分析研究 [J]. 西北水电，2004 (1)：1－3.

[119] Smakhtin V U. Low flow hydrology：a review [J]. Journal of Hydrology, 2001，240 (3)：147－186.

[120] Gao S，Liu P，Pan Z，et al. Derivation of low flow frequency distributions under human activities and its implications [J]. Journal of Hydrology, 2017 (549)：294－300.

[121] Yu K X，Xiong L，Gottschalk L. Derivation of low flow distribution functions using copulas. Journal of Hydrology，2014，508 (1)：273－288.

[122] Sadri S，Kam J，Sheffield J. Nonstationarity of low flows and their timing in the eastern United States [J]. Hydrology and Earth System Sciences, 2016，12 (3)：2761－2798.

[123] Xiong B，Xiong L，Chen J，et al. Multiple causes of nonstationarity in the Weihe annual low－flow series [J]. Hydrology & Earth System Sciences Discussions，2018，22 (2)：1525－1542.

[124] Giuntoli I, Renard B, Vidal J P, et al. Low flows in France and their relationship to large - scale climate indices [J]. Journal of Hydrology, 2013, 482 (9): 105 - 118.

[125] Kam J, Sheffield J. Changes in the low flow regime over the eastern United States (1962 - 2011): variability, trends, and attributions [J]. Climatic Change, 2016, 135 (3 - 4): 639 - 653.

[126] Chen Y D, Huang G R, Shao Q X, et al. Regional analysis of low flow using L - moments for Dongjiang basin, South China [J]. International Association of Scientific Hydrology Bulletin, 2006, 51 (6): 1051 - 1064.

[127] Gottschalk L, Yu K X, Leblois E, et al. Statistics of low flow: Theoretical derivation of the distribution of minimum streamflow series [J]. Journal of Hydrology, 2013, 481 (4): 204 - 219.

[128] 殷福才, 王在高, 梁虹. 枯水研究进展 [J]. 水科学进展, 2004 (2): 249 - 254.

[129] Grandry M, Gailliez S, Sohier C, et al. A method for low flow estimation at ungauged sites, case study in Wallonia (Belgium) [J]. Hydrology and Earth System Sciences, 2013, 17 (4): 1319 - 1330.

[130] Ouyang Y A. A potential approach for low flow selection in water resource supply and management [J]. Journal of Hydrology, 2012 (454 - 455): 56 - 63.

[131] Du T, Xiong L, Xu C Y, et al. Return period and risk analysis of nonstationary low - flow series under climate change [J]. Journal of Hydrology, 2015 (527): 234 - 250.

[132] Sawaske S R, Freyberg D L. An analysis of trends in baseflow recession and low - flows in rain - dominated coastal streams of the pacific coast [J]. Journal of Hydrology, 2014 (519): 599 - 610.

[133] He Y, Guo X, Dixon P, et al. NDVI variation and its relation to climate in Canadian ecozones [J]. Canadian Geographer, 2012, 56 (4): 492 - 507.

[134] Liu Z, Menzel L. Identifying long - term variations in vegetation and climatic variables and their scale - dependent relationships: A case study in Southwest Germany [J]. Global & Planetary Change, 2016 (147): 54 - 66.

[135] Xie Y, Huang Q, Chang J, et al. Period analysis of hydrologic series through moving - window correlation analysis method [J]. Journal of Hydrology, 2016 (538): 278 - 292.

[136] Nalley D, Adamowski J, Khalil B. Using discrete wavelet transforms to analyze trends in streamflow and precipitation in Quebec and Ontario (1954—

2008) [J]. Journal of Hydrology, 2012, 475 (26): 204 – 228.

[137] Nalley D, Adamowski J, Khalil B, et al. Trend detection in surface air temperature in Ontario and Quebec, Canada during 1967—2006 using the discrete wavelet transform [J]. Atmospheric Research, 2013, 132 – 133 (10): 375 – 398.

[138] Joshi N, Gupta D, Suryavanshi S, et al. Analysis of trends and dominant periodicities in drought variables in India: A wavelet transform based approach [J]. Atmospheric Research, 2016 (182): 200 – 220.

[139] Fiala T, Ouarda T B M J, Hladný J. Evolution of low flows in the Czech Republic [J]. Journal of Hydrology, 2010, 393 (3): 206 – 218.

[140] Zhang H B, Xin C, Wang Y M., et al. Influence of drawing water to Baojixia irrigation area on hydrologic regularity and ecosystem of Weihe River [J]. Journal of Northwest A & F University (Nat. Sci Ed.) .2010, 38 (4): 226 – 234.

[141] Sang Y F, Wang Z, Liu C. Discrete wavelet – based trend identification in hydrologic time series [J]. Hydrological Processes, 2013, 27 (14): 2021 – 2031.

[142] Vonesch C, Blu T, Unser M. Generalized Daubechies wavelet families [J]. IEEETrans. Signal Process. 2007, 55 (9), 4415 – 4429.

[143] Artigas M Z, Elias A G, Campra P F. Discrete wavelet analysis to assess long – term trends in geomagnetic activity [J]. Phys. Chem. Earth. 2006, 31 (1 – 3): 77 – 80.

[144] Liu S, Huang S, Xie Y, et al. Spatial – temporal changes of rainfall erosivity in the loess plateau, China: Changing patterns, causes and implications [J]. Catena, 2018 (166): 279 – 289.

[145] Chang J, Wang Y, Istanbulluoglu E, et al. Impact of climate change and human activities on runoff in the Weihe River Basin, China [J]. Quaternary International, 2015 (380 – 381): 169 – 179.

[146] Yu K X, Gottschalk L, Zhang X. Analysis of nonstationarity in low flow in the Loess Plateau of China [J]. Hydrological Processes, 2018 (32): 1844 – 1857.

[147] Xu J H, Niu Y G. Effect of Hydraulic Engineering Works on River Flow and Sediment Load in the Middle Yellow River Basin [M]. 郑州: 黄河水利出版社, 2000.

[148] Liu S, Huang S, Xie Y, et al. Spatial – temporal changes in vegetation cover in a typical semi – humid and semi – arid region in China: Changing patterns, causes and implications [J]. Ecological Indicators, 2019 (98): 462 – 475.

[149] Huang S, Chang J, Huang Q, et al. Calculation of the Instream Ecological Flow of the Wei River Based on Hydrological Variation [J]. Journal of Applied Mathematics, 2014 (11): 1 – 9.

[150] 严少普. 渭河流域生态环境对野鸭数量分布的影响 [J]. 安全与环境学报, 2003, 3 (4): 53 – 55.

[151] 张洪波, 辛琛, 王义民, 等. 宝鸡峡引水对渭河水文规律及生态系统的影响 [J]. 西北农林科技大学学报 (自然科学版), 2010, 38 (4): 226 – 234.

[152] 朱磊, 李怀恩, 李家科, 等. 渭河关中段生态基流保障的水质水量响应关系研究 [J]. 环境科学学报, 2013, 33 (3): 885 – 892.